各向异性金属薄壳变形理论

Deformation Theory for Thin Shells of Anisotropic Metals

何祝斌 林艳丽 凡晓波 等 著

科学出版社

北 京

内 容 简 介

本书以各向异性金属薄壳为对象,面向薄壳流体介质压力成形等先进成形技术的变形特点和挑战,系统介绍各向异性金属薄壳塑性变形理论的新成果。在介绍金属各向异性屈服和本构模型概念的基础上,提出新的全应力域屈服准则,重点讨论各向异性金属本构模型参数确定与试验方法,以及各向异性金属薄壳力学性能和成形性能的测试理论和方法。

本书可作为高等院校机械工程、材料加工工程及相关专业研究生的学习用书,也可供相关科研人员和工程技术人员参考。

图书在版编目(CIP)数据

各向异性金属薄壳变形理论=Deformation Theory for Thin Shells of Anisotropic Metals / 何祝斌等著. —北京:科学出版社,2022.10
ISBN 978-7-03-071719-1

Ⅰ. ①各… Ⅱ. ①何… Ⅲ. ①各向异性-薄壳结构-金属-塑性变形-研究 Ⅳ. ①TG111.7

中国版本图书馆CIP数据核字(2022)第033664号

责任编辑:吴凡洁 纪四稳 / 责任校对:王萌萌
责任印制:吴兆东 / 封面设计:赫 健

科学出版社 出版
北京东黄城根北街 16 号
邮政编码:100717
http://www.sciencep.com

北京捷迅佳彩印刷有限公司 印刷
科学出版社发行 各地新华书店经销
*

2022 年 10 月第 一 版 开本:720×1000 1/16
2022 年 10 月第一次印刷 印张:13 3/4
字数:275 000
定价:138.00 元
(如有印装质量问题,我社负责调换)

作 者 简 介

何祝斌 1977年生，江苏涟水人，教授，博士生导师，大连理工大学高性能精密成形研究所常务副所长。

何祝斌教授主要从事复杂薄壁整体构件流体介质压力成形理论与技术研究。在轻合金薄壁构件热态气压成形机理与技术、强各向异性金属薄壳塑性变形理论等方面取得重要创新成果。获国家技术发明二等奖、省部级技术发明一等奖，获第二十届中国专利奖金奖。发表论文100余篇；获授权中国发明专利50项、美国发明专利6项；牵头制定国家标准2项。入选教育部新世纪优秀人才支持计划、辽宁省"兴辽英才计划"创新领军人才、大连理工大学"星海杰青"、辽宁省"百千万人才工程"百人层次。担任 *International Journal of Mechanical Sciences*、《塑性工程学报》、《锻压技术》、《精密成形工程》等杂志编委。

林艳丽 1982年生，河北徐水人，副教授，硕士生导师，任职于大连理工大学机械工程学院。

林艳丽副教授主要从事各向异性金属塑性变形理论研究。在各向异性金属薄板和薄管的塑性本构、薄壁金属构件轻量化成形机理与技术、大尺寸厚板成形技术等方面开展系统研究。研究成果应用于汽车、航空、航天等领域。发表论文30余篇；获授权发明专利20余项；参与制定国家标准3项，已发布1项。

凡晓波 1987年生，四川安岳人，副研究员，博士生导师，任职于大连理工大学机械工程学院。

凡晓波副研究员主要从事轻质高强合金整体薄壁结构精密成形理论与技术研究。在高性能铝合金超低温成形、薄壳宽温域协调变形理论和构件形性一体化控制方面取得创新成果。负责国家重点研发计划课题、国家自然科学基金项目等；获2020年国家技术发明二等奖；发表论文30余篇，获授权发明专利20余项。

前　言

金属薄壳在各种结构和装备中有广泛应用。从几何特征看，既有异形截面管状件，又有复杂的三维曲面钣金件；从材料种类看，主要包括各种强度级别的钢和轻质合金。通过塑性变形制造薄壁金属构件时，结构特征及材料特性是重要的两个因素。由于材料强度级别的提高和铝合金等材料的广泛应用，材料各向异性带来的非均匀变形问题更加突出，对工艺控制和数值仿真提出了更大挑战。

流体介质压力成形是制造复杂薄壁金属构件的先进技术。按坯料种类分，主要包括管坯液压成形、板坯液压成形。其中，薄壁管状金属构件内高压成形技术反映了金属薄壳塑性变形相关的基本理论、方法和规律。这是因为内高压成形过程涉及管坯的强各向异性、主要加载和变形方式。金属管坯在复杂应力/应变状态下的屈服行为、流动规律、本构模型、成形性能等一直是国际塑性力学领域的研究热点。

哈尔滨工业大学流体高压成形技术研究所、大连理工大学高性能精密成形研究所在进行金属薄壳流体介质压力成形技术研究与装备开发的过程中，紧密围绕成形工艺开展塑性变形基础理论研究，这也成为团队研究工作的重点和特色。特别是在各向异性金属薄壳性能测试理论与方法方面开展了创新性工作，取得了系统性研究成果，已在IJP、IJMS等塑性力学领域国际著名杂志发表，并牵头制定多项国家标准和团体标准。

为满足高校、科研院所相关专业科研和教学工作的迫切需要，作者以所在团队的科研成果为基础，撰写了这本专著。本书第1章由何祝斌撰写；第2章由林艳丽撰写；第3章由何祝斌、林艳丽撰写；第4章由何祝斌、张坤撰写；第5章由何祝斌、张坤、林艳丽撰写；第6章由何祝斌、朱海辉、凡晓波撰写；第7章由林艳丽、朱海辉、凡晓波撰写。何祝斌组织全书撰写并进行统稿和文字润色，林艳丽负责全书图表和公式符号整理，凡晓波负责全书文字校对。参加图表及参考文献整理等工作的还有博士生徐怡、梁江凯、袁杭等。苑世剑教授对本书从拟定选题、编写大纲，到基本概念、逻辑关系等都给予了全程指导和把关，在此表示衷心的感谢。

由于水平有限，书中难免有疏漏与不妥之处，敬请同行和读者批评指正，在此表示衷心的感谢。

作　者

2022年2月

目 录

前言
第1章 概论 ··· 1
  1.1 金属薄壳的定义及分类 ··· 1
  1.2 金属薄壳成形技术及变形理论 ·· 1
    1.2.1 金属薄壳成形技术及特点 ··· 1
    1.2.2 各向异性金属薄壳变形理论的内涵 ···································· 2
  1.3 各向异性金属薄壳变形理论的研究现状 ·································· 4
    1.3.1 各向异性金属薄壳的本构模型 ·· 4
    1.3.2 各向异性金属薄壳的成形极限 ·· 6
  1.4 各向异性金属薄壳变形理论的新进展 ····································· 8

第2章 各向异性金属薄壳的屈服准则 ··· 11
  2.1 薄壁金属材料的各向异性 ··· 11
    2.1.1 薄壁金属板材的各向异性 ·· 11
    2.1.2 薄壁金属管材的各向异性 ·· 13
  2.2 屈服准则的概念 ·· 13
  2.3 各向异性特性的理论预测 ··· 15
    2.3.1 单向拉伸屈服应力的预测 ·· 15
    2.3.2 厚向异性系数的预测 ·· 16
  2.4 经典各向异性屈服准则：Hill'48 屈服准则 ······························ 17
    2.4.1 Hill'48 屈服准则的参数确定 ·· 17
    2.4.2 Hill'48 屈服准则的预测特性 ·· 23
    2.4.3 Hill'48 屈服准则的不足 ·· 24
  2.5 先进各向异性屈服准则 ·· 25
    2.5.1 Barlat'89 屈服准则 ·· 26
    2.5.2 Yld2000-2d 屈服准则 ··· 29

第3章 各向异性金属薄壳的本构模型 ··· 33
  3.1 弹塑性本构关系及本构模型 ·· 33
    3.1.1 弹塑性本构关系 ·· 33
    3.1.2 本构模型的建立 ·· 34
  3.2 加卸载准则 ·· 35

3.2.1 加卸载概念 35
　　3.2.2 单向应力状态下的加卸载 35
　　3.2.3 一般应力状态下的加卸载 35
3.3 各向异性金属薄壳的加载与硬化 36
　　3.3.1 加载条件 36
　　3.3.2 硬化规律与硬化模型 37
　　3.3.3 等向强化模型 37
3.4 各向异性金属薄壳的塑性流动 40
3.5 各向同性金属薄壳的本构关系 42
3.6 各向异性金属薄壳的本构关系 44
3.7 各向异性金属薄壳本构关系的应用 47

第4章 各向异性金属薄壳本构模型的参数确定

4.1 基于板状试样的本构模型参数确定 49
　　4.1.1 采用应力数据的模型参数确定方法 49
　　4.1.2 采用应变数据的模型参数确定方法 52
　　4.1.3 基于板状试样确定模型参数的缺点 56
4.2 基于管状试样的本构模型参数确定 56
　　4.2.1 正应力相关参数的确定 56
　　4.2.2 剪应力相关参数的确定 60
4.3 试验数据的选择组合及参数求解 60
　　4.3.1 试验数据的选择与组合 60
　　4.3.2 模型参数的求解方法 61
4.4 薄壁管单轴力学性能参数测定 62
　　4.4.1 轴向拉伸试验 62
　　4.4.2 环向拉伸试验 63
4.5 薄壁管双轴力学性能参数测定 68
　　4.5.1 双轴可控加载试验方法 68
　　4.5.2 双轴可控加载试验装置 72
　　4.5.3 双轴可控应力加载试验 76
4.6 薄壁管剪切力学性能参数测定 78
　　4.6.1 纯剪试验原理 78
　　4.6.2 剪切试样设计 79
　　4.6.3 剪切试验 81

第5章 各向异性金属薄壳全应力域本构模型及应用

5.1 各向异性铝合金薄壁管全应力域变形特性 83
　　5.1.1 全应力域屈服特性 83

5.1.2 全应力域流动特性 ······ 85
5.2 各向异性铝合金薄壁管变形特性理论预测 ······ 86
 5.2.1 常用本构模型系数确定 ······ 86
 5.2.2 屈服行为理论预测 ······ 87
 5.2.3 流动行为理论预测 ······ 91
 5.2.4 理论预测偏差原因 ······ 94
5.3 各向异性铝合金薄壁管全应力域新本构模型 ······ 95
 5.3.1 全应力域本构模型构建 ······ 95
 5.3.2 新本构模型的外凸性 ······ 97
 5.3.3 新本构模型的系数确定 ······ 99
 5.3.4 新本构模型的预测特性 ······ 103
 5.3.5 新本构模型准确性验证 ······ 106
5.4 各向异性薄壁管全应力域本构模型的应用 ······ 110
 5.4.1 本构模型有限元实现 ······ 110
 5.4.2 内高压成形过程变形行为分析 ······ 113
5.5 基于本构模型的薄壁管各向异性参数测定 ······ 116
 5.5.1 面内各向异性参数测定理论 ······ 117
 5.5.2 典型薄壁管面内各向异性参数 ······ 123

第6章 各向异性金属薄板力学性能及成形极限 ······ 125
6.1 金属薄板性能测试方法 ······ 125
 6.1.1 薄板胀形基本原理 ······ 125
 6.1.2 线性加载：定边界约束凹模胀形 ······ 128
 6.1.3 非线性加载：变边界约束凹模胀形 ······ 129
 6.1.4 薄板胀形试验专用装置 ······ 131
6.2 不同加载条件下各向异性金属薄板的性能 ······ 132
 6.2.1 材料和测试方案 ······ 132
 6.2.2 线性和非线性加载下的变形规律 ······ 134
 6.2.3 线性和非线性加载下的力学性能 ······ 139
 6.2.4 线性和非线性加载下的成形极限 ······ 141
6.3 基于韧性断裂准则的成形极限理论预测 ······ 143
 6.3.1 预测模型及参数确定 ······ 143
 6.3.2 预测模型的特性分析 ······ 146
 6.3.3 线性加载条件下的成形极限 ······ 148
 6.3.4 非线性加载条件下的成形极限 ······ 149

第7章 各向异性金属薄壁管力学性能及成形极限 ······ 150
7.1 金属薄壁管性能测试方法 ······ 150

  7.1.1　薄壁管轴向定约束胀形 ·· 150
  7.1.2　薄壁管轴向变约束胀形 ·· 162
  7.1.3　薄壁管双面加压胀形 ·· 163
 7.2　轴向定约束状态薄壁管力学性能及成形极限 ······························ 168
  7.2.1　轴向定约束条件下的力学性能 ··· 168
  7.2.2　基于轴向约束条件的成形极限图 ······································ 170
 7.3　轴向变约束状态薄壁管力学性能及成形极限 ······························ 172
  7.3.1　平面应力线性加载条件力学性能及成形极限 ······················ 172
  7.3.2　平面应力非线性加载条件成形极限 ··································· 176
 7.4　双面加压状态薄壁管力学性能及成形极限 ·································· 178
  7.4.1　三向应力状态力学性能 ·· 178
  7.4.2　三向应力状态成形极限 ·· 180
 7.5　环向壁厚非均匀薄壁管的成形极限 ·· 186
  7.5.1　M-K 模型中壁厚不均匀系数的定义 ································· 186
  7.5.2　薄壁管偏心度对 FLC 的影响 ·· 188
  7.5.3　铝合金挤压管的成形极限 ··· 190

参考文献 ·· 192

附录　国家标准 ··· 195

CONTENTS

Preface

Chapter 1 Introduction ··· 1
    1.1 Definition of thin shells of metals and its classification ················ 1
    1.2 Forming technology and deformation theory for thin shells of metals ········· 1
        1.2.1 Forming technology for thin shells of metals and its characters ················ 1
        1.2.2 Deformation theory for thin shells of anisotropic metals ················ 2
    1.3 State-of-the-art of deformation theory for thin shells of anisotropic metals ·· 4
        1.3.1 Constitutive model for anisotropic metals ················ 4
        1.3.2 Forming limit of thin shells of anisotropic metals ················ 6
    1.4 Recent developments in the deformation theory for thin shells of anisotropic metals ················ 8

Chapter 2 Yield Criteria for Anisotropic Metals ················ 11
    2.1 Anisotropy of thin-walled metals ················ 11
        2.1.1 Anisotropy of thin-walled sheets ················ 11
        2.1.2 Anisotropy of thin-walled tubes ················ 13
    2.2 Concept of yield criterion ················ 13
    2.3 Theoretical prediction of anisotropic properties ················ 15
        2.3.1 Prediction of uniaxial tension yield stress ················ 15
        2.3.2 Prediction of anisotropic coefficient ················ 16
    2.4 Classical anisotropic yield criterion: Hill'48 model ················ 17
        2.4.1 Parameter determination of Hill'48 model ················ 17
        2.4.2 Prediction characteristics of Hill'48 model ················ 23
        2.4.3 Limitation of Hill'48 model ················ 24
    2.5 Advanced anisotropic yield criteria ················ 25
        2.5.1 Barlat'89 model ················ 26
        2.5.2 Yld2000-2d model ················ 29

Chapter 3 Constitutive Model for Anisotropic Metals ················ 33
    3.1 Elasto-plastic constitutive relationship and constitutive model ················ 33
        3.1.1 Elasto-plastic constitutive relationship ················ 33
        3.1.2 Construction of constitutive model ················ 34

3.2 Loading and unloading criteria ································· 35
   3.2.1 Concept of loading and unloading ························· 35
   3.2.2 Loading and unloading under uniaxial stress state ············ 35
   3.2.3 Loading and unloading under general stress state ············ 35
3.3 Loading and hardening of anisotropic metals ····················· 36
   3.3.1 Loading condition ···································· 36
   3.3.2 Hardening rule and hardening model ···················· 37
   3.3.3 Isotropic hardening model ····························· 37
3.4 Plastic flow of anisotropic metals ······························ 40
3.5 Constitutive model for isotropic metals ·························· 42
3.6 Constitutive model for anisotropic metals ························ 44
3.7 Application of the constitutive model for anisotropic metals ········· 47

Chapter 4 Parameter Determination of Constitutive Model for Anisotropic Metals ································ 49

4.1 Parameters determination of constitutive model based on sheet specimen ··· 49
   4.1.1 Determination of model parameters based on stress data ······ 49
   4.1.2 Determination of model parameters based on strain data ······ 52
   4.1.3 Limitation of sheet specimen ··························· 56
4.2 Parameters determination of constitutive model based on tube specimen ··· 56
   4.2.1 Determination of normal-stress-related parameters ·········· 56
   4.2.2 Determination of shear-stress-related parameters ············ 60
4.3 Selection, combination of experimental data and parameters determination ·· 60
   4.3.1 Selection and combination of experimental data ············ 60
   4.3.2 Methods for parameters determination ···················· 61
4.4 Testing of the uniaxial mechanical parameters of thin-walled tubes ··· 62
   4.4.1 Axial tension test ····································· 62
   4.4.2 Hoop tension test ···································· 63
4.5 Testing of the biaxial mechanical parameters of thin-walled tubes ····· 68
   4.5.1 Biaxial-controlled-loading testing method ················· 68
   4.5.2 Experimental set-up for biaxial-controlled-loading ·········· 72
   4.5.3 Experiments of biaxial-controlled-loading ················· 76
4.6 Testing of the shear mechanical parameters of thin-walled tubes ····· 78
   4.6.1 Principle of pure shear test ····························· 78
   4.6.2 Specimen design for pure shear test ······················ 79
   4.6.3 Pure shear tests ····································· 81

Chapter 5 Constitutive Model of Anisotropic Metals Suitable for Overall Stress States ··········· 83
  5.1 Deformation properties of thin-walled aluminum alloy tube under overall stress states ··········· 83
      5.1.1 Yield behavior under overall stress states ··········· 83
      5.1.2 Plastic flow behavior under overall stress states ··········· 85
  5.2 Theoretical prediction of deformation properties for thin-walled aluminum alloy tube ··········· 86
      5.2.1 Parameters determination of conventional constitutive models ··········· 86
      5.2.2 Prediction of yield behavior ··········· 87
      5.2.3 Prediction of plastic flow behavior ··········· 91
      5.2.4 Reasons for prediction error ··········· 94
  5.3 Overall stress states constitutive model for thin-walled aluminum alloy tube ··········· 95
      5.3.1 Construction of constitutive model under overall stress states ··········· 95
      5.3.2 Convexity of the new model ··········· 97
      5.3.3 Parameters determination of the new model ··········· 99
      5.3.4 Prediction characteristics of the new model ··········· 103
      5.3.5 Verification of the prediction accuracy of the new model ··········· 106
  5.4 Application of the overall stress states constitutive model for thin-walled anisotropic tube ··········· 110
      5.4.1 Implementation of the constitutive model into finite element sofeware ··········· 110
      5.4.2 Analysis on deformation behavior during tube hydroforming ··········· 113
  5.5 Anisotropic parameters determination based on constitutive model ··········· 116
      5.5.1 Theory for determining in-plane anisotropic parameters of tubes ··········· 117
      5.5.2 In-plane anisotropic parameters of typical thin-walled tubes ··········· 123

Chapter 6 Mechanical Properties and Formability of Thin-Walled Metal Sheets ··········· 125
  6.1 Testing methods for the mechanical properties of thin-walled metal sheets ··········· 125
      6.1.1 Principle of sheet bulging test ··········· 125
      6.1.2 Linear loading: bulging with fixed constraining boundary ··········· 128
      6.1.3 Non-linear loading: bulging with changeable constraining boundary ··········· 129
      6.1.4 Experimental set-up for sheet bulging test ··········· 131
  6.2 Properties of thin-walled metal sheets under different loading conditions 132
      6.2.1 Materials and testing schemes ··········· 132

  6.2.2 Deformation rules under linear and non-linear loading ················ 134
  6.2.3 Mechanical properties under linear and non-linear loading ········ 139
  6.2.4 Forming limit under linear and non-linear loading ··················· 141
 6.3 Forming limit prediction based on ductile fracture criteria ············ 143
  6.3.1 Prediction model and its parameters determination ················· 143
  6.3.2 Prediction characteristics of the model ································· 146
  6.3.3 Forming limit under linear loading ······································ 148
  6.3.4 Forming limit under non-linear loading ································ 149

Chapter 7 Mechanical Properties and Formability of Thin-Walled Metal Tubes ·········· 150

 7.1 Testing methods for the mechanical properties of thin-walled metal tubes ······················ 150
  7.1.1 Tube bulging test with fixed axial constraining ······················ 150
  7.1.2 Tube bulging test with changeable axial constraining ············· 162
  7.1.3 Tube bulging test with double-side pressure ·························· 163
 7.2 Mechanical properties and formability of thin-walled tube under fixed axial constraining ······················ 168
  7.2.1 Mechanical properties under fixed axial constraining ············· 168
  7.2.2 FLD based on axial constraining conditions ·························· 170
 7.3 Mechanical properties and formability of thin-walled tube under changeable axial constraining ······················ 172
  7.3.1 Mechanical properties and formability under linear loading condition ············ 172
  7.3.2 Formability under non-linear loading condition ····················· 176
 7.4 Mechanical properties and formability of thin-walled tube under double-side pressure ······················ 178
  7.4.1 Mechanical properties under three-dimensional stress state ····· 178
  7.4.2 Formability under three-dimensional stress state ···················· 180
 7.5 Forming limit of thin-walled tube with inhomogeneous hoop thickness ··· 186
  7.5.1 Definition of the inhomogeneity coefficient in M-K model ····· 186
  7.5.2 Effect of extrusion eccentricity on the FLC of tube ················· 188
  7.5.3 Forming limit of aluminum alloy extruded tube ····················· 190

References ························ 192

Appendix National Standards ························ 195

主要符号表

ε	应变
γ	剪应变
ε_l	单向拉伸试验拉伸方向应变
ε_w	单向拉伸试验宽度方向应变
ε_t	厚度方向应变
ε_{ij}	应变张量
$d\varepsilon_{ij}$	总应变增量
$d\varepsilon_{ij}^p$	塑性应变增量
$d\varepsilon_{ij}^e$	弹性应变增量
ε_1、ε_2、ε_3	主应变
$d\varepsilon_1$、$d\varepsilon_2$、$d\varepsilon_3$	主应变增量
ε_i	等效应变
ε_z	薄壁管轴向应变
ε_θ	薄壁管环向应变
ε_R	薄板轧制方向应变
ε_T	薄板垂直轧制方向应变
$\bar{\varepsilon}_f$	等效断裂应变
σ	应力(MPa)
τ	剪应力(MPa)
σ_φ	任意φ方向单轴屈服应力(MPa)
σ_{ij}	应力张量(MPa)
σ_1、σ_2、σ_3	主应力(MPa)
σ_i	流动应力或等效应力(MPa)

σ_z	薄壁管轴向应力(MPa)
σ_θ	薄壁管环向应力(MPa)
σ_R	薄板轧制方向(RD)应力(MPa)
σ_T	薄板垂直轧制方向(TD)应力(MPa)
W_p	塑性功(J)
dW_p	塑性功增量(J)
r	厚向异性系数
r_φ	任意φ方向的厚向异性系数
r_b	等双拉各向异性系数
r_{-b}	等拉压各向异性系数
σ_b	等双拉屈服应力(MPa)
σ_{-b}	等拉压屈服应力(MPa)
μ	摩擦系数
K	材料强度系数(MPa)
n	应变硬化指数
D_0	薄壁管初始直径(mm)
L_0	薄壁管胀形区长度(mm)
λ	薄壁管胀形区长径比或薄板椭圆凹模轴长比
t_0	薄壁管(或薄板)初始壁厚(mm)
t_P	薄壁管(或薄板)胀形最高点壁厚(mm)
T	薄壁管端部轴向载荷(N)
p	压力(MPa)
p_i	内压(MPa)
p_e	外压(MPa)
h	胀形高度(mm)
δ	膨胀率(%)
ρ_z	薄壁管胀形最高点轴向曲率半径(mm)
ρ_θ	薄壁管胀形最高点环向曲率半径(mm)

ρ_R		薄板胀形最高点轧制方向曲率半径(mm)
ρ_T		薄板胀形最高点垂直轧制方向曲率半径(mm)
f_0		初始壁厚不均匀系数
$f_{0\theta}$		偏心挤压管初始壁厚不均匀系数
C		材料常数
Δd		挤压薄壁管偏心度(mm)
$\bar{t}$		挤压薄壁管平均壁厚(mm)
t_{max}		挤压薄壁管最大壁厚(mm)
t_{min}		挤压薄壁管最小壁厚(mm)
k_t		挤压薄壁管壁厚比

第1章 概 论

1.1 金属薄壳的定义及分类

薄壳是指具有一定曲率的薄壁结构,其最小曲率半径与壁厚之比一般大于20,既包括形状简单的单曲率壳,如异形截面管件,也包括几何特征复杂的双曲率壳,如具有空间曲面的薄壁曲面件。图1-1给出典型薄壁壳体示意图。

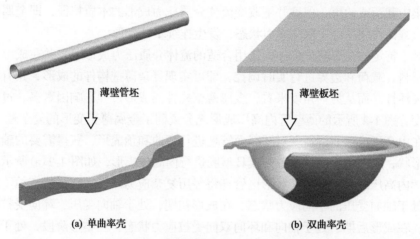

(a) 单曲率壳　　　　　(b) 双曲率壳

图 1-1　薄壁壳体及成形工艺示意图

金属薄壳通常也称为金属薄壁构件或钣金件,其突出特征是可将法向载荷转变为沿着壁厚均匀分布的薄膜应力,具有高承载效率的优势,因此是航空、航天、高铁和汽车等高端装备的关键结构,数量占比达50%以上。金属薄壳是由薄壁管坯或薄壁板坯经过成形加工获得最终的几何形状和尺寸精度。因此,严格来讲,薄壁管/板两类坯料和金属薄壁构件分别属于原材料加工和零部件成形两个不同的学科方向。本书讨论的问题集中于将简单的金属管坯和板坯成形为复杂金属薄壁构件时涉及的各向异性塑性变形理论。为叙述方便,本书中将金属管坯/板坯也称为金属薄壳。

1.2 金属薄壳成形技术及变形理论

1.2.1 金属薄壳成形技术及特点

薄壳的变形,都是在一定载荷和约束条件下发生的形状和尺寸变化。对于薄壳，外部载荷分为两类，一类是作用在壳体整个区域的均布载荷，另一类是作用在壳体局部区域的集中载荷。例如，作用在内外表面的面力(如液压、气压等)就属于前者；作用在壳体局部区域的集中力以及边界上的集中力或弯矩则属于后者。

根据薄壳变形时的载荷作用形式，可将金属薄壳成形技术分为面域均布加载成形和局域集中加载成形两大类。

流体介质压力成形是利用流体作为传力介质或模具使金属薄壳变形的一种先进塑性成形技术。按使用的传力介质不同，流体介质压力成形分为液压成形和气压成形。按使用的坯料不同，流体介质压力成形可分为板坯流体介质压力成形(封闭壳流体介质压力成形)和管坯流体介质压力成形。在以板坯和管坯为坯料的流体介质压力成形过程中，虽然坯料的局部区域还会因刚性冲头、刚性模具的作用而产生集中载荷或约束，但这并不改变流体介质压力成形的本质特征，即金属薄壳在均布载荷作用下处于双向应力状态，发生连续塑性变形。

对于特定的金属薄壁构件，选用合适的流体介质压力成形工艺并在成形过程中对材料、载荷和边界进行实时调控，即可实现复杂薄壁构件的成形，具有非常高的灵活性。而从另一角度来看，金属薄壁构件的成形过程影响因素多、过程复杂多变。图1-2所示的薄壁管内高压成形充分说明了金属薄壳变形的复杂性。

在内高压成形前，需要对圆截面管坯进行弯曲和预成形，获得需要的轴线和截面形状，以便将预制坯放置到模具型腔进行内高压成形，如图1-2(a)所示。而在后续内高压成形过程中，胀形区管坯将经历复杂应力路径。在初始充填阶段，管坯处于轴向受压的单向应力状态；在成形初期，处于轴向受压、环向受拉应力状态；在成形后期，处于轴向和环向双向受拉应力状态；在整形阶段，处于轴向和环向双向受拉应力状态，但是轴向拉应力已相对较小。容易看出，对于一个典型的内高压成形过程，薄壁管坯经历了从轴向单向受压到轴向和环向双向受拉的复杂转变，管坯的壁厚也从开始的增厚到壁厚不变再到壁厚减薄，过程非常复杂。

1.2.2 各向异性金属薄壳变形理论的内涵

金属薄壳的塑性变形方式有多种，但基本方式无外乎拉伸(变薄)和压缩(增厚)。拉伸是指薄壁坯料在以拉应力为主的作用下被拉伸减薄(甚至断裂破坏)，压缩则是指薄壁坯料在压应力作用下被压缩增厚(甚至失稳起皱)。为实现金属薄壳的塑性变形，需要对其施加特定的载荷。实践中，金属薄壳的变形多处于双向应力状态，而可能的双向应力状态包括"拉-拉"、"拉-压"、"压-压"。在压应力作用下金属薄壳很难进行稳定的塑性变形，因此金属薄壳的变形更多是以拉伸减薄为主的方式。相应地，关于金属薄壳的塑性变形理论，也主要集中于以拉伸为主的伸长和减薄变形。

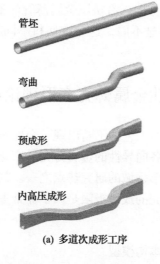

(a) 多道次成形工序

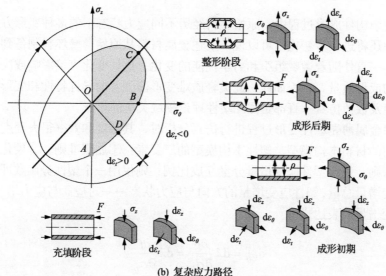

(b) 复杂应力路径

图 1-2 金属薄壳变形的复杂性

从金属薄板、薄管到金属薄壁构件的成形过程，其核心问题是金属薄壳在载荷和约束作用下的宏观变形流动规律，而其基础则是金属薄壳的塑性变形理论。需要指出，本书所讨论的金属薄壳变形理论，集中于变形体本身的塑性变形特性。成形复杂薄壁构件时变形体的宏观变形流动规律、微观组织演变及损伤等，在本书中暂不讨论。

铝合金、镁合金、钛合金、高强钢等轻质难变形材料，在制备其薄壁板材或管材的过程中，材料的变形流动具有明显的方向性，从而形成织构及各向异性，表现为金属薄壳不同方向上的力学性能存在显著差异。例如，沿轧制金属薄板的轧制方向和垂直轧制方向、沿挤压金属薄管的轴向和环向，其屈服强度、硬化指数和塑性指标等都明显不同，这导致坯料不同方向的变形特性具有显著的各向异性。

1.3　各向异性金属薄壳变形理论的研究现状

随着新材料、新结构、新工艺的不断出现，金属薄壳的变形理论得到了快速发展，特别是随着具有明显各向异性的金属薄壳的广泛应用，各向异性金属薄壳变形理论已成为国际塑性成形领域的研究热点之一。其中，各向异性金属薄壳的本构模型、各向异性金属薄壳的成形极限是两个非常重要的研究内容，也是本书讨论的重点。

1.3.1　各向异性金属薄壳的本构模型

在复杂构件成形过程中，原始坯料经历不同应力状态下的多种变形方式，其各向异性还将进一步变化。可以说，上述金属材料从原始薄壁坯料制备到复杂零件成形，一直伴随着微观组织和力学性能的变化，这种变化直接影响或决定了最终零件的成形质量。正因如此，此类轻质难变形薄壳各向异性特性和变形行为的演变规律及数值仿真一直都是国际塑性理论领域关注的焦点。

在对金属薄壳塑性变形过程进行仿真分析时，其精度和效率很大程度上取决于所采用的材料本构模型。塑性本构模型的三要素：①屈服准则；②硬化规律；③流动法则。假设塑性应变增量分量互成比例，则仅用一个塑性势函数即可确定塑性应变增量总量，塑性应变增量的方向与应力状态一一对应而与应力增量无关。塑性应变增量的表达式为

$$d\varepsilon_{ij}^p = d\lambda \frac{\partial g}{\partial \sigma_{ij}} = d\lambda \frac{\partial f}{\partial \sigma_{ij}} \tag{1-1}$$

式中，$d\lambda$ 为塑性因子；f 为屈服函数；g 为塑性势函数。

1. 理论模型方面

屈服问题：为描述金属材料的屈服行为，提出了很多屈服准则。Hill 提出了用于正交各向异性材料的二次式屈服函数，该函数形式简单且具有明确物理意义，因此得到了广泛应用[1]。根据 Hill'48 准则，对于面内各向同性材料，当 $r<1$ 时，屈服轨迹在 Mises 屈服椭圆内部，当 $r>1$ 时，应在外部。然而，Pearce 等在多种材料特别是铝合金材料中观察到完全相反的异常试验现象[2, 3]。为克服 Hill'48 屈服函数的问题，出现了很多非二次式各向异性屈服函数，具有代表性的有

Barlat'89、Yld2000-2d、Yld2004-18p、Karafillis-Boyce 等。这些新的屈服函数通过采用高次函数形式引入了更多待定系数以提高其柔性，因此可以描述具有不同程度各向异性的材料的屈服行为[4]。

硬化问题：对于低碳钢等材料，在加载变形过程中屈服应力不会出现明显非对称，可用各向同性强化描述材料的后继屈服。但是，对于铝合金、超高强钢等轻质高强材料，当应变路径变化时将出现复杂的加载和卸载行为，如包辛格效应(Bauschinger effect)、短暂软化、硬化迟滞等[5]。这些行为无法用等向强化模型来描述或解释。为此，提出了随动强化模型(kinematic hardening model)、混合强化模型(mixed hardening model)[6]。近来，Barlat 等[7]提出均匀各向异性强化模型(homogeneous anisotropic hardening model)，该模型对包辛格效应、短暂软化等现象进行了合理科学的解释，显著提高了对各向异性屈服行为的预测精度。

流动问题：通过采用先进各向异性屈服准则并结合合理的硬化准则，可以对屈服应力或屈服面进行较好的描述和预测。但是，对于塑性应变比或塑性势面的预测仍存在较大误差。Stoughton 对 Pearce 等的异常试验结果深入分析发现，所研究的几种材料的屈服面形状非常相似。而对于塑性势面，当 r 值较小时在双拉区为扁平状，随着 r 值增加，塑性势面逐渐被拉长并接近屈服面的形状[8]。简而言之，对于不同的材料，屈服面和塑性势面的形状差异程度明显不同，这种差异程度与材料的各向异性特性密切相关。

近年来，越来越多的研究表明，现有的传统塑性本构理论在描述各向异性材料的复杂变形时存在根本的缺陷或局限性。这是因为，一方面，传统塑性本构理论以德鲁克(Drucker)公设及相关联流动法则(associated flow rule, AFR)为主要基础。在 Drucker 公设和 AFR 条件下，屈服面和塑性势面需要采用相同的函数来描述，塑性势面及塑性应变增量的大小和方向完全由屈服面决定。事实上，Drucker 公设最初是作为弹塑性稳定材料的定义提出的，是保证塑性稳定性的充分条件而非必要条件[9]，AFR 是对金属塑性本构模型的冗余约束条件。另一方面，经典塑性力学中假设应力主轴始终与应力增量主轴共轴，这就忽略了应力增量中剪应力分量的影响。事实上，在各向异性材料的复杂加载过程中，因为应力路径的变化会引入剪应力分量，这必然会导致应力主轴旋转并产生对应的塑性变形。这是导致现有塑性本构理论不适用于各向异性材料的另一主要原因。

针对相关联本构模型的问题，Stoughton 等提出非关联(non-associated flow rule, non-AFR)的概念[8]。基于 non-AFR 构建的本构模型中，分别利用屈服函数和塑性势函数描述材料的屈服和塑性流动。采用非关联塑性本构模型，成功解决了很多相关联塑性本构模型无法解释或描述的问题。目前，基于非关联流动准则构建塑性本构模型，被认为是解决传统塑性本构用于各向异性材料复杂加载变形时所出现困难的有效途径之一。但是，由于非关联本构模型的建立、算法实现、优化等不够成熟，尚无法或难以应用这些模型分析实际问题。因此，本书中暂不讨论非关联本构模型。

2. 试验方法方面

众所周知，先进塑性本构模型的发展，必须要有先进的试验方法和充足的试验数据作为支撑。新的塑性本构模型中待定参数的确定以及模型精度和计算效率的验证，都需要依据足够且精确的试验数据。可以说，试验技术在塑性本构模型的发展中一直起到举足轻重的作用。

对于薄壁平板坯料，在确定屈服函数和塑性势函数中的待定系数以及硬化模型时，目前都采用沿与板材轧制方向(rolling direction, RD)每隔15°取试样进行7个单向拉伸以及 1 个等双拉的试验方案[10, 11]。其中，除 RD 和垂直轧制方向(transverse direction, TD)之外的 5 个单向拉伸试验本质上对应 5 个包含剪应力的一般加载条件。基于此特征，Lou 等利用上述数据构建了简化的 Yld2004-18p 屈服函数，预测了三轴加载(triaxial loading)条件下具有中等程度各向异性的面心立方(face-centered cubic, FCC)和体心立方(body-centered cubic, BCC)材料的变形[4]。

对于薄壁圆管坯料，无法直接进行数量足够的单向拉伸试验。Kuwabara 等[12]开发了薄壁管双轴加载试验方法，通过调控管坯轴向拉力和内部压力，实现了不同轴向和环向应力比的线性加载试验。利用所得应力和应变数据，分析了铝合金挤压管的屈服和塑性流动特性。但是，目前该实验系统只能实现应力比相对固定的比例加载，对于更一般的应力路径特别是应力比、应力主轴连续可控变化的加载尚未见报道。

概括而言，目前在建立材料本构模型时所采用的试验方法仍以简单的单向加载为主。在描述或表征材料的变形特性时，要么采用若干单向拉伸试验数据和单个等双拉试验数据，要么采用固定应力比的双轴加载试验数据。由于这些试验都是简单的线性比例加载，不能实现应力状态和应力路径连续变化这种更一般的加载条件，因此无法体现应力路径或应力增量与各向异性特性之间的关系。

1.3.2 各向异性金属薄壳的成形极限

自 20 世纪初，随着金属薄板和薄管成形技术的出现和不断发展，金属薄壳的成形性一直以来都是塑性加工理论与工程应用领域的研究重点。但是，关于金属薄壳成形性的研究，始终针对且一直局限于单一成形工序[13]。随着制造技术向整体化、轻量化发展，关于金属薄壳成形性的现有理论已严重滞后，远远不能满足实际生产的需要。最为典型的是，随着高新武器装备对高可靠性和长寿命的要求，迫切需要采用整体构件代替传统的拼焊组装结构。为实现此类复杂薄壁整体构件的成形，往往需要采用中间预制坯及多道成形工序。在航空航天领域，目前几乎所有的复杂薄壁钣金构件都需采用多道工序成形；而对于复杂薄壁管件，即使采用内高压成形技术也仍有超过50%的零件无法实现一次成形[14]。

相比单一成形工序，薄壁复杂构件成形具有如下几方面特征：①材料经历数次加载和卸载过程，加载路径非连续；②不同加载过程中材料的变形类型不同；③即使在同一成形工序，坯料形状、尺寸和边界条件的改变都导致应力路径发生变化，加载路径非线性；④预变形导致力学性能和壁厚发生变化，后续成形时材料具有梯度性。

将成形极限理论及成形极限图(forming limit diagram, FLD)用于复杂构件成形，一直以来都是科研人员和工程技术人员追求的目标。

1. 在非线性加载方面

近来出现的成形极限应力曲线(forming limit stress curve, FLSC)曾被认为可以解决上述问题[15]。通过在应力空间绘制产生局部颈缩时的极限应力状态，即得到FLSC。因最初认为FLSC与应力路径无关，所以其受到广泛关注。但是，因为实际成形过程中的应力分量无法准确测量，所以难以通过试验方法建立FLSC，也很难通过试验对FLSC的相关理论进行验证。而对于FLSC是否与路径无关，目前仍存在争论。这是因为，FLSC通常都依据假定的本构关系(即屈服函数和硬化规律)由极限应变测量值计算得到。当本构关系已经确定且连续加载时，极限应力状态将由极限应变状态唯一决定。这就决定了通过理论分析所得的FLSC必定与路径无关[16-18]。近来，Yoshida等[19]通过试验准确测量了5000系铝合金薄壁管在不同应力路径下的极限应力，发现对于连续加载的双线性路径，所得FLSC差别明显。该试验从另一侧面也说明了在连续加载条件下材料的成形极限受到具体加载路径的影响。

2. 在非连续加载方面

研究人员曾尝试建立适用于多道次成形过程的成形极限线(forming limit curve, FLC)。但是，目前对于多道次非连续加载条件下材料变形行为和成形极限的研究非常有限。Gotoh[20]采用具有尖点效应(vertex effect)的塑性本构方程及Storen-Rice提出的局部分叉失效准则(localized bifurcation)预测了金属板材成形时的极限应变。结果表明：在某些非线性应变路径下的极限应变明显高于单一线性路径；但是当应力路径或应变路径发生突变时，常导致在突变点出现严重的破坏，即材料的成形性能急剧降低。Yoshida等[21]基于具有非正态效应的塑性本构模型和M-K失稳模型，讨论了预变形对板材后续成形性的影响。沿板材轧制方向进行的单向拉伸将使后续FLC向左上方移动；双向等拉变形将使后续FLC明显下移；而沿垂直轧制方向的单向拉伸将使后续FLC向右下方移动。然而，尽管Gotoh

和 Yoshida 的研究都证明了预变形对材料后续成形性能有重要影响，但是所讨论的变形方式均局限于简单的单向拉伸和双向等拉，而且都是基于理论模型的定性分析，缺乏相应试验验证。

3. 在极限判断准则方面

判断准则是成形极限理论预测模型的另一要素，其直接影响极限状态的确定以及成形极限的计算。近来，Hora 等[22]通过在经典 Swift 失稳准则中引入应变路径变化率，提出了"修正最大载荷准则(modified maximum force criterion, MMFC)"，用于考虑单向拉伸失稳阶段应变状态从简单拉伸向平面应变转变的过程。该模型也用来预测经过预变形后板材的单向拉伸成形极限[23]。MMFC 模型的提出，为在极限判断准则中考虑应变路径改变所产生的影响提供了有益尝试。但是，该模型仅能用于简单的单向拉伸应力状态，无法用于二维应力状态。此外，对于初始各向异性明显的材料特别是铝合金等低塑性材料，变形过程中材料的各向异性特征或微观组织都可能发生明显变化，从而使后续变形过程中材料的失效形式与简单变形过程完全不同[24]。因此，对于复杂加载过程，还应考虑材料失效形式的转变以及极限判断准则的适用性。但到目前为止，尚未见到关于复杂加载条件下材料失效行为转变规律的讨论。

与塑性本构模型类似，目前成形极限理论相对滞后的另一重要原因，是缺乏模拟复杂变形条件的试验技术。无论是对成形极限理论预测模型进行验证，还是通过试验直接测试 FLC，都必须使材料按设定的应力路径变形直至破裂。但到目前为止，无论是广泛应用的十字试样拉伸还是新提出的薄壁管拉伸-胀形试验，都存在一定的局限性，导致试验结果不理想，主要原因是：十字试样拉伸变形后期试样形状发生变化，无法严格按设定的应力路径变形直至发生破坏[12]；薄壁管拉伸-胀形方法[25, 26]只能获得传统成形极限图中的部分区域，无法全面评价薄壳的成形性能。因此，迫切需要建立一种能够直接、准确测试复杂应力路径下薄壳极限应变的试验方法。

1.4 各向异性金属薄壳变形理论的新进展

在金属薄壁构件成形制造领域，先进成形技术的提出多是以金属薄壳变形理论的研究进展为基础的。同时，流体介质压力成形等金属薄壁构件成形技术的开发和应用，又推动了金属薄壳变形理论的发展。

在过去几十年中，围绕各向异性金属薄板和薄管的屈服准则、本构模型及成形极限开展了广泛深入的研究并取得了重要进展。各种新理论模型的提出，为描述各向异性金属薄壳的力学行为、评价其成形性能奠定了基础。但是，相关理论成果并未在金属薄壁构件的成形制造中充分发挥作用。金属薄壳变形理论与金属薄壁构件成形技术的发展不相适应的原因，主要包括如下几方面：

(1) 为了保证精度或通用性，新提出的理论模型往往表达式非常复杂、模型参数多，需采用大量的专用试验才能确定模型参数。

(2) 新的理论模型以唯象模型为主，模型本身及模型参数缺乏实际物理意义，无法或难以反映材料的本征力学特性和变形特性。

(3) 为满足理想的假设条件，所建立的理论模型往往适用条件非常严苛、适用范围有限，难以直接与实际构件成形过程相结合。

为解决上述问题，可行的方案是：基于金属薄壳的本征力学特性和变形特性，采用具有明确物理意义的理论模型、模型参数及先进的材料性能试验技术，建立可兼顾科学性和实用性的金属薄壳变形理论。

基于上述思路，本书作者围绕各向异性金属薄壳变形理论开展了系统深入的研究，研究工作集中于各向异性金属薄壳屈服及本构模型、各向异性金属薄壳力学性能及成形性这两个方面。特别是在金属薄壳的性能测试方法方面开展了创新性工作，发展和完善了金属薄板和薄管的力学性能和成形性能测试方法。在此基础上，建立了适用于各向异性金属薄壳的全应力域本构模型，获得了金属薄壳单轴/双轴/剪应力状态力学性能，实现了复杂加载条件下金属薄壳成形性能的表征和评价。

本书的主要内容，以金属薄壳变形性能测试新方法为主线，从如下两方面展开：

(1) 可控应力路径下金属薄壳变形。为获得各向异性金属薄壳在不同应力状态和应力路径下的变形行为，需要实现金属薄板和薄管在预定应力状态和应力路径下连续变形，如比例加载或线性加载。为此，提出管状试样双轴加载试验方法，通过管状试样轴向载荷与内部压力的实时调控，实现了"拉-拉"和"拉-压"全应力域连续可控加载变形。需要特别指出，将金属薄板卷焊成管状试样后进行双轴加载，可解决金属薄板难以在"压应力"状态下连续变形的难题。管状试样双轴可控加载试验，为测定金属薄壳在不同应力状态下的力学性能、建立全应力域本构模型奠定了基础。

(2) 复杂应力路径下金属薄壳变形。为揭示各向异性金属薄壳的力学性能、成形性能与应力路径/应变路径的相关性，需要实现金属薄板和薄管在典型复杂加载和应力路径下的连续变形，如非线性加载。为此，发明了金属薄板定截面凹模、变截面凹模自由胀形试验方法，建立了金属薄管轴向定约束、轴向变约束及内外压复合自由胀形试验方法。这些试验方法为测定线性和非线性加载条件下金属薄壳的变形规律和力学性能、表征和评价复杂加载和应力路径下金属薄壳的成形性能奠定了基础。

为便于了解本书各章内容的相互关系,表 1-1 列出了金属薄壳变形性能测试方法与变形理论、试验方法、试样类型的关系。值得一提的是,表中列出的金属薄壳变形性能专用测试方法,都已形成国家标准或中国材料与试验 CSTM 团体标准(详见附录)。这些试验标准的建立,丰富和完善了金属薄板、金属薄管变形性能测试方法的标准体系。

表 1-1 金属薄壳变形性能测试与研究方法

变形理论	试验方法	试样类型	试验名称	对应章
屈服准则、本构模型	可控应力路径	管状	双轴加载试验	第 4 章
			剪切加载试验	第 5 章
力学性能、成形性能	复杂应力路径	板状	(1)定边界约束胀形	第 6 章
			(2)变边界约束胀形	
		管状	(1)轴向定约束胀形	第 7 章
			(2)轴向变约束胀形	
			(3)双面加压胀形	

第 2 章 各向异性金属薄壳的屈服准则

受材料晶体结构和制备工艺的影响，薄壁金属板材和管材常表现出明显的各向异性。各向异性，是指沿材料不同方向其力学特性存在差异，一般包括屈服和塑性流动两个方面。屈服相关的各向异性是指：对于相同的应力状态，当加载方向或主应力方向沿着材料的不同物理方向时，材料将表现出不同的屈服特性，如屈服应力不同；而塑性流动相关的各向异性是指：对于相同的应力状态，当加载方向或主应力方向沿着材料的不同物理方向时，材料将表现出不同的塑性流动特性，如厚向异性系数不同。

本章将介绍各向异性金属薄壳成形时常用的几种各向异性屈服准则，重点介绍经典的 Hill'48 屈服准则，给出利用常用试验数据确定屈服准则待定参数的方法，并分析典型试验数据对屈服轨迹的影响规律。

2.1 薄壁金属材料的各向异性

2.1.1 薄壁金属板材的各向异性

薄壁金属板材主要是通过轧制工艺制备，这一过程将产生一种特殊的各向异性，其关于三个互相垂直面是对称的。三个对称面的相交线即为正交坐标轴，分别对应板材的轧制方向(rolling direction, RD)、垂直轧制方向(transverse direction, TD)和厚向(normal direction, ND)，如图 2-1 所示[27]。这种力学行为被称为正交各向异性，这三个方向称为板材的各向异性主轴方向。

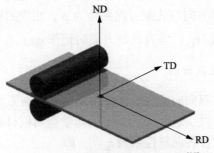

图 2-1 轧制板材的各向异性主轴[27]

1. 厚向异性系数

不同方向上的塑性流动特性可用厚向异性系数或 Lankford 参数来表征。厚向异性系数 r 可定义为

$$r = \frac{\varepsilon_w}{\varepsilon_t} \tag{2-1}$$

式中，ε_w、ε_t 分别为单向拉伸试验宽度和厚度方向的应变。

r 一般通过标准单向拉伸试验测得。对于各向同性材料，$r=1$，即变形时宽度方向和厚度方向的应变相等。如果 $r>1$，则以宽度方向变形为主，板材的抗减薄能力好；如果 $r<1$，则以厚度方向应变为主，板材较易发生减薄。

由于薄壁金属板材单向拉伸试样厚度方向的尺寸很小，若直接测量厚度方向应变 ε_t 会产生较大的误差。为此，一般通过塑性变形体积不可压缩条件将上述关系式转换为试样宽度和长度方向的应变来确定。根据塑性变形体积不可压缩条件，单向拉伸时三个方向的应变关系可表示为

$$\varepsilon_l + \varepsilon_w + \varepsilon_t = 0 \tag{2-2}$$

式中，ε_l 为单向拉伸试验拉伸方向的应变。

将式(2-2)代入式(2-1)，并根据应变的定义，r 可表示成如下形式：

$$r = -\frac{\varepsilon_w}{\varepsilon_l + \varepsilon_w} = \frac{\ln(w/w_0)}{\ln[l_0 \cdot w_0/(lw)]} \tag{2-3}$$

式中，w_0、w 分别为单向拉伸试样初始和终了的宽度；l_0 和 l 分别为单向拉伸试样初始和终了的标距长度。

在实际应用中，常用式(2-3)来计算板材的厚向异性系数。

实际上，薄壁金属板材不但具有厚向各向异性，而且面内也具有各向异性。沿与板材轧制方向成不同角度取单向拉伸试样，所测得的 r 值一般是不同的，如图 2-2 所示。假定取样方向与轧制方向夹角为 φ，相应的厚向异性系数记为 r_φ。例如，夹角为 45°时记作 r_{45}，垂直轧制方向时记作 r_{90}。

2. 等双拉各向异性系数

试验研究表明，在双向应力区，薄壁金属板材的屈服面并不对称。这一现象主要由材料面内各向异性引起。为此，定义薄壁金属板材双向等拉试验时面内两个主应变的比值为等双拉各向异性系数 r_b[27]，即

$$r_b = \varepsilon_2 / \varepsilon_1 \tag{2-4}$$

式中，ε_1、ε_2 为板坯双向等拉试验时面内两个主应变。

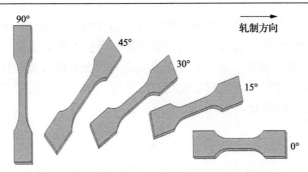

图 2-2　薄壁金属板材不同方向单向拉伸试样

如果材料为面内各向同性，则 r_b 应为 1。面内各向异性越明显，r_b 越远离 1。

2.1.2　薄壁金属管材的各向异性

薄壁金属管材一般通过挤压或轧制板材卷焊而成。与薄壁金属板材类似，在制备薄壁金属管材时也会在一定方向上经历较大变形，如挤压制备薄壁铝合金管材时沿挤压方向发生同向的大变形，导致所制造的薄壁金属管材中各晶粒向同一方向转动，形成择优方向。进而，管材宏观表现出明显的各向异性，即沿不同方向材料的屈服特性和塑性流动特性均存在明显差异。

目前，薄壁金属管材的各向异性测试多沿用薄壁金属板材的测试方法，即沿薄壁金属管材的轴向、环向或者面内任意方向裁切单向拉伸试样，然后展平进行测试，如图 2-3 所示。但是，非轴向单向拉伸试样在展平时将发生明显的塑性变形，从而直接影响测得的强度和塑性指标。因此，薄壁金属管材各向异性特性的测定一直是困扰塑性理论研究及工程应用的难题。关于薄壁金属管材各向异性的测试和表征，将在本书第 5 章介绍。

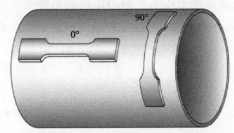

图 2-3　薄壁金属管材不同方向的单向拉伸试样

2.2　屈服准则的概念

屈服准则又称塑性条件或屈服条件，是描述不同应力状态下材料进入塑性状态并使塑性变形继续进行所必须遵守的力学条件。

为便于理解，以最简单的单向拉伸应力状态为例进行说明。由单向拉伸试验可知，随着外力的增加，材料内的应力也增加。当应力的数值等于材料的屈服极限σ_s时开始产生塑性变形，$\sigma = \sigma_s$就是单向应力状态下进入塑性状态必须满足的力学条件，是判断材料是否达到塑性状态的准则。对于幂指数应变硬化材料，继续塑性变形所需要的流动应力σ_i为

$$\sigma_i = K\varepsilon_i^n \tag{2-5}$$

式中，σ_i为流动应力，又称为等效应力；K为材料强度系数；ε_i为等效应变；n为应变硬化指数。

为分析材料在任意一般应力状态下的屈服特性，需要用到六个应力分量或三个主应力分量，并依据这些应力分量的综合特性来判断材料是否进入塑性状态。很显然，材料屈服一方面与应力状态或应力分量有关，另一方面也与材料的力学性能有关。假定这些判定条件可用某一函数f来描述，即

$$f(\sigma_{ij}, \alpha_{ij}) = \sigma_i \tag{2-6}$$

式中，f为屈服函数；σ_{ij}为应力分量，i、j均分别取三个互相垂直的坐标轴，例如，当利用 x-y-z 组成的笛卡儿正交坐标系时，i、j取x、y或z；α_{ij}为屈服方程的待定系数矩阵；σ_i为等效应力或流动应力，常通过单向拉伸试验确定。

对于各向同性材料，因为坐标选择与屈服准则无关，故式(2-6)可用主应力表示为

$$f(\sigma_1, \sigma_2, \sigma_3) = \sigma_i \tag{2-7}$$

式(2-7)可以理解成三维主应力空间中屈服面的数学描述。对于不可压缩材料，屈服面为一个柱面，如图 2-4 所示，柱面的横截面形状和材料特性相关。

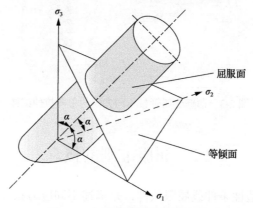

图 2-4 主应力空间的屈服柱面

位于柱面内侧的点($f<\sigma_i$)表示材料处于弹性状态；位于柱面上的点($f=\sigma_i$)表示材料处于塑性状态；对于理想塑性材料，位于柱面外侧的点($f>\sigma_i$)没有物理意义。

对于平面应力状态，即$\sigma_3=0$，屈服面将简化为主应力平面σ_1-σ_2上的一条封闭曲线。

关于屈服准则的研究，其核心就是构造一个恰当的函数f，使其能准确描述材料的屈服行为。一般情况下，屈服函数f可采用两种方式建立，一是基于屈服发生时的物理假设，给出对应的数学模型；二是根据试验数据建立近似的经验公式。

2.3 各向异性特性的理论预测

评价屈服准则性能的一个重要方面，是该屈服准则描述或预测薄壁金属板材或管材面内不同方向单向拉伸屈服应力和厚向异性系数的能力。

为评价屈服准则的这一特性，需要建立不同方向单向拉伸屈服应力σ_φ和厚向异性系数r_φ与角度φ之间的关系，如图2-5所示。

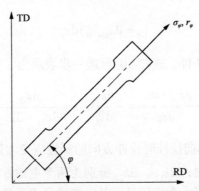

图2-5 板材面内某一方向的屈服应力和厚向异性系数

2.3.1 单向拉伸屈服应力的预测

用σ_φ表示图2-5中φ方向上的单向拉伸屈服应力。由图可见，φ方向上的单向拉伸主应力方向与板材各向异性主轴方向有一个夹角φ，需要通过坐标转换将应力张量转换到板材各向异性主轴坐标系下的应力分量：

$$\begin{bmatrix} \sigma_{11} & \sigma_{12} \\ \sigma_{21} & \sigma_{22} \end{bmatrix} = \boldsymbol{T} \begin{bmatrix} \sigma_\varphi & 0 \\ 0 & 0 \end{bmatrix} \boldsymbol{T}' \quad (2\text{-}8)$$

式中，T 为坐标转换矩阵，$T = \begin{bmatrix} \cos\varphi & -\sin\varphi \\ \sin\varphi & \cos\varphi \end{bmatrix}$；$T'$ 为 T 的转置矩阵；下角标 1 表示轧制方向，2 表示垂直轧制方向。

转换之后各应力分量可表示为

$$\begin{cases} \sigma_{11} = \sigma_\varphi \cos^2\varphi \\ \sigma_{22} = \sigma_\varphi \sin^2\varphi \\ \sigma_{21} = \sigma_{12} = \sigma_\varphi \sin\varphi\cos\varphi \end{cases} \tag{2-9}$$

将式(2-9)代入某屈服准则的表达式，就可得到根据该屈服准则预测面内任意方向单向拉伸屈服应力的关系式，进而可得到面内不同方向的单向拉伸屈服应力。

2.3.2 厚向异性系数的预测

采用类似方法，可建立预测平面内不同方向厚向异性系数的关系。根据式(2-1)，瞬时的厚向异性系数 r_φ 可表示为宽度方向塑性应变增量 $d\varepsilon_{\varphi+90}$ 和厚度方向塑性应变增量 $d\varepsilon_t$ 的比值，即

$$r_\varphi = d\varepsilon_{\varphi+90}/d\varepsilon_t \tag{2-10}$$

考虑体积不可压缩条件，式(2-10)可进一步表示为

$$r_\varphi = -\frac{d\varepsilon_\varphi + d\varepsilon_t}{d\varepsilon_t} = -\frac{d\varepsilon_\varphi}{d\varepsilon_t} - 1 = \frac{d\varepsilon_\varphi}{d\varepsilon_{11} + d\varepsilon_{22}} - 1 \tag{2-11}$$

式中，$d\varepsilon_\varphi$ 为 φ 方向上单向拉伸时拉伸方向的塑性应变增量；下角标 1、2 表示主坐标系下的两个主轴方向；$d\varepsilon_{11}$、$d\varepsilon_{22}$ 分别为两个主轴方向的塑性应变增量。

通过张量转换，可得由主坐标系下各应变增量表示的拉伸方向塑性应变增量 $d\varepsilon_\varphi$：

$$d\varepsilon_\varphi = d\varepsilon_{11}\cos^2\varphi + d\varepsilon_{22}\sin^2\varphi + d\gamma_{12}\sin\varphi\cos\varphi \tag{2-12}$$

式中，$d\gamma_{12}$ 为主坐标系下面内剪切塑性应变增量。

将式(2-12)代入式(2-11)，可得到 φ 方向上厚向异性系数的表达式为

$$r_\varphi = \frac{d\varepsilon_{11}\cos^2\varphi + d\varepsilon_{22}\sin^2\varphi + d\gamma_{12}\sin\varphi\cos\varphi}{d\varepsilon_{11} + d\varepsilon_{22}} - 1 \tag{2-13}$$

若假设屈服和塑性流动相关联，采用 Drucker 流动准则：

$$\begin{cases} d\varepsilon_{11} = d\lambda \dfrac{\partial f}{\partial \sigma_{11}} \\ d\varepsilon_{22} = d\lambda \dfrac{\partial f}{\partial \sigma_{22}} \\ d\gamma_{12} = d\lambda \dfrac{\partial f}{\partial \sigma_{12}} \end{cases} \quad (2\text{-}14)$$

式中，f 为屈服函数；$d\lambda$ 为正的比例系数；σ_{11}、σ_{22} 和 σ_{12} 为主坐标系下各应力分量。

将式(2-14)代入式(2-13)，可以得到

$$r_\varphi = \dfrac{\dfrac{\partial f}{\partial \sigma_{11}}\cos^2\varphi + \dfrac{\partial f}{\partial \sigma_{22}}\sin^2\varphi + \dfrac{\partial f}{\partial \sigma_{12}}\sin\varphi\cos\varphi}{\dfrac{\partial f}{\partial \sigma_{11}} + \dfrac{\partial f}{\partial \sigma_{22}}} - 1 \quad (2\text{-}15)$$

当屈服准则确定之后，将对应的屈服函数代入式(2-15)，即可得到不同方向厚向异性系数的表达式，进而可给出面内任意方向的厚向异性系数。

2.4 经典各向异性屈服准则：Hill'48 屈服准则

1948 年，Hill[1]对米泽斯(Mises)屈服准则进行推广，提出了经典的 Hill'48 正交各向异性屈服准则，其表达式为

$$\begin{aligned} 2f(\sigma_{ij}) &\equiv F(\sigma_{22}-\sigma_{33})^2 + G(\sigma_{33}-\sigma_{11})^2 + H(\sigma_{11}-\sigma_{22})^2 \\ &\quad + 2L\sigma_{23}^2 + 2M\sigma_{31}^2 + 2N\sigma_{12}^2 = 1 \end{aligned} \quad (2\text{-}16)$$

式中，f 为 Hill'48 屈服函数；F、G、H、L、M 和 N 为与材料各向异性相关的待定系数，1、2、3 为材料的各向异性主轴。对于薄壁金属板材，1、2、3 通常对应轧制方向、垂直轧制方向和厚向；对于薄壁金属管材，1、2、3 通常对应轴向、环向和厚向。

2.4.1 Hill'48 屈服准则的参数确定

为求解屈服函数中与正应力相关的待定系数 F、G 和 H，假设沿主轴 1、2、3 方向单向拉伸屈服应力为 X、Y 和 Z，将三个屈服应力分别代入式(2-16)，可得

$$\dfrac{1}{X^2} = G+H, \quad \dfrac{1}{Y^2} = H+F, \quad \dfrac{1}{Z^2} = F+G \quad (2\text{-}17)$$

整理式(2-17)，则可得到屈服函数中正应力相关的待定系数 F、G 和 H 分别为

$$F = \frac{1}{2}\left(\frac{1}{Y^2} + \frac{1}{Z^2} - \frac{1}{X^2}\right), \quad G = \frac{1}{2}\left(\frac{1}{Z^2} + \frac{1}{X^2} - \frac{1}{Y^2}\right), \quad H = \frac{1}{2}\left(\frac{1}{X^2} + \frac{1}{Y^2} - \frac{1}{Z^2}\right) \tag{2-18}$$

为求解屈服函数中剪应力相关的待定系数 L、M 和 N，假设 R、S 和 T 为相应方向上的剪切屈服应力，将其分别代入式(2-16)，可得

$$2L = \frac{1}{R^2}, \quad 2M = \frac{1}{S^2}, \quad 2N = \frac{1}{T^2} \tag{2-19}$$

在 F、G 和 H 中，只有一个参数可为负数。当且仅当 $X > Y$ 时，有 $F > G$，依此类推。L、M 和 N 始终为正值。

为全面描述材料的各向异性，需要知道六个独立的屈服应力（X、Y、Z、R、S 和 T）以及各向异性主轴的方位。

对于绝大多数薄壁金属板材和管材，一般忽略厚度方向的应力，假设为平面应力状态，即认为 $\sigma_{31} = \sigma_{32} = \sigma_{33} = 0$，屈服准则式(2-16)化简为

$$2f(\sigma_{ij}) \equiv (G+H)\sigma_{11}^2 - 2H\sigma_{11}\sigma_{22} + (H+F)\sigma_{22}^2 + 2N\sigma_{12}^2 = 1 \tag{2-20}$$

式(2-20)所示的平面应力状态下 Hill'48 屈服函数含有四个未知的待定系数，可通过四组试验数据确定。例如，对于轧制金属薄板，可利用以下四组应力试验数据确定：①板材轧制方向的单向拉伸屈服应力 σ_0；②与轧制方向成 45°方向的单向拉伸屈服应力 σ_{45}；③垂直轧制方向的单向拉伸屈服应力 σ_{90}；④沿板材轧制方向和垂直轧制方向的双向等拉屈服应力 σ_b。已知的四组试验数据中，有三组试验数据的应力主轴与板材各向异性主轴重合，分别为 σ_0、σ_{90} 和 σ_b，对应的应力张量分别为

$$\begin{bmatrix} \sigma_{11} & \sigma_{12} \\ \sigma_{21} & \sigma_{22} \end{bmatrix} = \begin{bmatrix} \sigma_0 & 0 \\ 0 & 0 \end{bmatrix}, \quad \begin{bmatrix} \sigma_{11} & \sigma_{12} \\ \sigma_{21} & \sigma_{22} \end{bmatrix} = \begin{bmatrix} 0 & 0 \\ 0 & \sigma_{90} \end{bmatrix}, \quad \begin{bmatrix} \sigma_{11} & \sigma_{12} \\ \sigma_{21} & \sigma_{22} \end{bmatrix} = \begin{bmatrix} \sigma_b & 0 \\ 0 & \sigma_b \end{bmatrix} \tag{2-21}$$

将以上三组试验数据分别代入式(2-20)，则可求得三个主应力相关的待定系数为

$$\begin{cases} G = \frac{1}{2}\left(1/\sigma_0^2 + 1/\sigma_b^2 - 1/\sigma_{90}^2\right) \\ H = \frac{1}{2}\left(1/\sigma_0^2 - 1/\sigma_b^2 + 1/\sigma_{90}^2\right) \\ F = \frac{1}{2}\left(1/\sigma_{90}^2 - 1/\sigma_0^2 + 1/\sigma_b^2\right) \end{cases} \tag{2-22}$$

对于第四组试验数据 σ_{45}，其应力主轴与板材各向异性主轴不重合，需要通过坐标轴旋转将其转化为板材各向异性主轴方向的应力分量，利用式(2-8)可得

$$\begin{bmatrix} \sigma_{11} & \sigma_{12} \\ \sigma_{21} & \sigma_{22} \end{bmatrix} = \begin{bmatrix} \sigma_{45}/2 & \sigma_{45}/2 \\ \sigma_{45}/2 & \sigma_{45}/2 \end{bmatrix} \quad (2\text{-}23)$$

将式(2-23)代入式(2-20)，则可得

$$G + F + 2N = 4/\sigma_{45}^2 \quad (2\text{-}24)$$

联立式(2-22)和式(2-24)可求得式(2-20)的待定系数为

$$\begin{cases} G = \dfrac{1}{2}\left(1/\sigma_0^2 + 1/\sigma_b^2 - 1/\sigma_{90}^2\right) \\ H = \dfrac{1}{2}\left(1/\sigma_0^2 - 1/\sigma_b^2 + 1/\sigma_{90}^2\right) \\ F = \dfrac{1}{2}\left(1/\sigma_{90}^2 - 1/\sigma_0^2 + 1/\sigma_b^2\right) \\ N = \dfrac{1}{2}\left(4/\sigma_{45}^2 - 1/\sigma_b^2\right) \end{cases} \quad (2\text{-}25)$$

将式(2-25)代入式(2-20)可得平面应力状态下 Hill'48 屈服函数的表达式为

$$\dfrac{1}{\sigma_0^2}\sigma_{11}^2 - \left(\dfrac{1}{\sigma_0^2} + \dfrac{1}{\sigma_{90}^2} - \dfrac{1}{\sigma_b^2}\right)\sigma_{11}\sigma_{22} + \dfrac{1}{\sigma_{90}^2}\sigma_{22}^2 + \left(\dfrac{4}{\sigma_{45}^2} - \dfrac{1}{\sigma_b^2}\right)\sigma_{12}^2 = 1 \quad (2\text{-}26)$$

当应力主轴方向与材料各向异性主轴重合时，式(2-26)可以简化为

$$\sigma_1^2 - \left(\dfrac{\sigma_0^2}{\sigma_{90}^2} - \dfrac{\sigma_0^2}{\sigma_b^2} + 1\right)\sigma_1\sigma_2 + \dfrac{1}{\sigma_{90}^2}\sigma_2^2 = \sigma_0^2 \quad (2\text{-}27)$$

当选取不同的试验值 σ_0、σ_{90} 和 σ_b 时，由式(2-27)可得到不同形式的屈服轨迹，如图 2-6 所示。应力值采用无量纲形式表示，即 σ_1/σ_0、σ_2/σ_0。图 2-6(a) 为 σ_b 恒定，改变 σ_{90}/σ_0 所获得的屈服轨迹。由图 2-6(a) 可见，对应不同的 σ_{90}/σ_0 比值，所得到的屈服轨迹形状具有明显差异。随着 σ_{90}/σ_0 比值增大，椭圆长短半轴方向逐渐发生旋转，长半轴方向由接近横坐标轴沿逆时针方向逐渐向纵坐标轴旋转，且椭圆长短半轴差异先减小后增大。图 2-6(b) 为 σ_{90} 恒定，改变 σ_b/σ_0 所获得的屈服轨迹。由图 2-6(b) 可见，随着 σ_b/σ_0 改变，屈服轨迹形状也发生显著变化，但是壁厚不变线保持不变，始终位于第二、四象限的分界线。随着 σ_b/σ_0 增大，双拉和双压区变形抗力显著增大，而拉压区变形抗力略有减小。

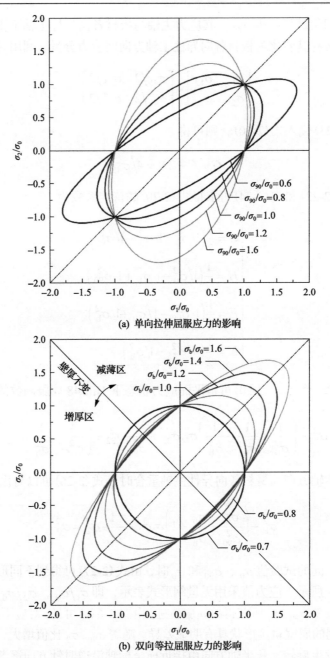

(a) 单向拉伸屈服应力的影响

(b) 双向等拉屈服应力的影响

图 2-6 材料各向异性屈服特性对 Hill'48 初始屈服轨迹的影响

当假设"屈服和塑性流动相关联"时,屈服准则的系数也可由厚向异性系数确定。当已知厚向异性系数 r_0、r_{45}、r_{90} 时,将式(2-20)代入式(2-15),可得厚向异性系数 r_0、r_{45}、r_{90} 与屈服函数待定系数 F、G、H、N 之间的关系为

$$r_0 = \frac{H}{G}, \quad r_{90} = \frac{H}{F}, \quad r_{45} = \frac{N}{F+G} - \frac{1}{2} \qquad (2\text{-}28)$$

进一步将 σ_0 代入式(2-20)，可得屈服准则式(2-20)的待定系数为

$$\begin{cases} G + H = 1/\sigma_0^2 \\ 2H = \dfrac{2r_0}{\sigma_0^2(1+r_0)} \\ H + F = \dfrac{r_0(1+r_{90})}{\sigma_0^2 r_{90}(1+r_0)} \\ 2N = \dfrac{r_0 + r_{90}}{\sigma_0^2 r_{90}(1+r_0)}(2r_{45}+1) \end{cases} \qquad (2\text{-}29)$$

因此，平面应力状态下 Hill'48 屈服准则可以由 σ_0、r_0、r_{45} 和 r_{90} 表示为

$$\sigma_{11}^2 - \frac{2r_0}{1+r_0}\sigma_{11}\sigma_{22} + \frac{r_0(1+r_{90})}{r_{90}(1+r_0)}\sigma_{22}^2 + \frac{r_0+r_{90}}{r_{90}(1+r_0)}(2r_{45}+1)\sigma_{12}^2 = \sigma_0^2 \qquad (2\text{-}30)$$

对于应力主轴与材料各向异性主轴重合的情况（$\sigma_{11}=\sigma_1, \sigma_{22}=\sigma_2, \sigma_{12}=0$），式(2-30)可写成

$$\sigma_1^2 - \frac{2r_0}{1+r_0}\sigma_1\sigma_2 + \frac{r_0(1+r_{90})}{r_{90}(1+r_0)}\sigma_2^2 = \sigma_0^2 \qquad (2\text{-}31)$$

式(2-31)表示一组由 r_0 和 r_{90} 确定的椭圆。r_0 和 r_{90} 对屈服轨迹的影响如图 2-7 和图 2-8 所示。可以看到，r_0 和 r_{90} 对屈服轨迹的影响规律完全不同，随着 r_0 的增

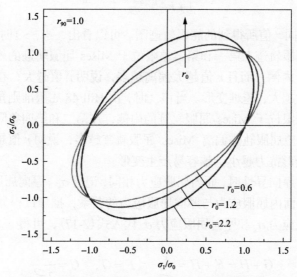

图 2-7 厚向异性系数 r_0 对 Hill'48 屈服轨迹的影响

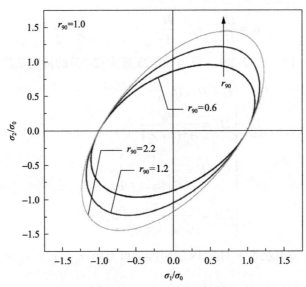

图 2-8　厚向异性系数 r_{90} 对 Hill'48 屈服轨迹的影响

大，屈服椭圆长轴变短，短轴变长，逐渐向圆形转变；而随着 r_{90} 的增大，屈服椭圆除与横坐标相交的两点不动之外，其他各点均向外扩大，椭圆的长短半轴均增大，也就是说在这种情况下，除与横坐标相交的两点之外，其他加载路径下材料的变形抗力均增大。

当材料为面内各向同性，仅厚向各向异性时，$r_0 = r_{90} = r$，式(2-31)可简化为

$$\sigma_1^2 - \frac{2r}{1+r}\sigma_1\sigma_2 + \sigma_2^2 = \sigma_0^2 \tag{2-32}$$

图 2-9 为不同 r 值所得到的屈服轨迹图。可以看出，当 $r>1$ 时，由 Hill'48 屈服准则预测的屈服轨迹在第一和第三象限位于 Mises 屈服轨迹的外侧，在第二和第四象限则位于内侧，而且 r 值越大偏离越多，说明 r 值越大，在面内同向应力状态下变形抗力越大，越难变形。当 $r<1$ 时，由 Hill'48 屈服准则预测的屈服轨迹在第一和第三象限位于 Mises 屈服轨迹的内侧，在第二和第四象限则位于外侧，且 r 值越小，对应屈服轨迹偏离 Mises 屈服轨迹越多，说明 r 值越小，在面内同向应力状态下变形抗力越小，越容易产生变形。

当材料只有厚向异性时，面内屈服应力相同，记为 σ_s。厚向屈服应力为 σ_t 时，r 还可以表示为面内屈服应力与厚向屈服应力的关系，推导过程如下：

将面内屈服应力 σ_s 和厚向屈服应力 σ_t 代入式(2-17)，可得

$$G + H = F + H = \frac{1}{\sigma_s^2}, \quad F = G, \quad G = \frac{1}{2\sigma_t^2} \tag{2-33}$$

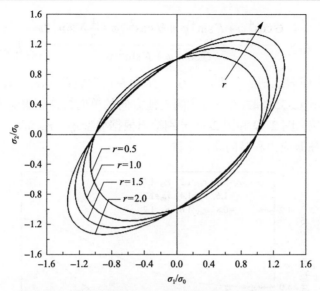

图 2-9 厚向异性系数 r 对 Hill'48 屈服轨迹的影响

将式(2-33)代入式(2-28)的第一式,并整理可得

$$r = r_0 = 2\left(\frac{\sigma_t}{\sigma_s}\right)^2 - 1 \tag{2-34}$$

通过式(2-34)更能直观地看到,r 值越大,$\dfrac{\sigma_t}{\sigma_s}$ 比值越大,材料抵抗变薄的能力越强。

实际上,最初的厚向异性系数 r 就是按照式(2-34)定义的,式中厚向屈服应力 σ_t 很难通过试验确定,而表征变形的应变是比较容易获得的,因此后续 r 值均是通过应变的关系确定的,见式(2-1)。

2.4.2 Hill'48 屈服准则的预测特性

将式(2-9)代入式(2-20),可得到由 Hill'48 屈服准则预测单向拉伸屈服应力 σ_φ 的关系式为

$$\sigma_\varphi = \left[\frac{1}{(G+H)\cos^4\varphi - 2(H-N)\cos^2\varphi\sin^2\varphi + (H+F)\sin^4\varphi}\right]^{1/2} \tag{2-35}$$

将式(2-20)代入式(2-15),可得到由 Hill'48 屈服准则预测的厚向异性系数 r_φ:

$$r_\varphi = \frac{G\cos^4\varphi + F\sin^4\varphi + H\cos^2 2\varphi + \frac{1}{2}N\sin^2 2\varphi}{G\cos^2\varphi + F\sin^2\varphi} - 1 \tag{2-36}$$

当Hill'48屈服准则的参数 F、G、H 和 N 由试验数据 σ_0、r_0、r_{45} 和 r_{90} 确定时，可利用式(2-35)和式(2-36)预测其他方向的单向拉伸屈服应力和厚向异性系数。作为示例，图2-10和图2-11分别给出根据典型 r_0、r_{45} 和 r_{90} 预测的任意方向的单向拉伸屈服应力和厚向异性系数。

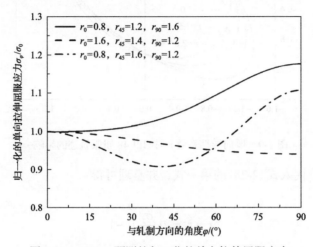

图2-10　Hill'48预测的归一化的单向拉伸屈服应力

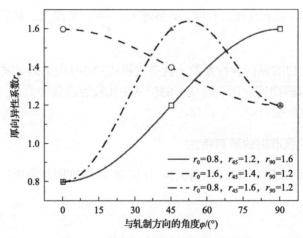

图2-11　Hill'48预测的厚向异性系数

2.4.3　Hill'48屈服准则的不足

对于双向等拉应力状态（$\sigma_1 = \sigma_2 = \sigma_b$），通过式(2-32)可以得到

$$\sigma_b = \sigma_0 \sqrt{\frac{1+r}{2}} \tag{2-37}$$

式中，σ_b 为双向等拉屈服应力。

由式(2-37)可得：若 $r>1$，则 $\sigma_b > \sigma_0$；若 $r<1$，则 $\sigma_b < \sigma_0$。Woodthrope 和 Pearce[3]注意到，很多材料(特别是铝合金材料)的 $r<1$，但是其屈服轨迹却位于 Mises 屈服轨迹的外侧，即 $\sigma_b > \sigma_0$。这一现象不能用 Hill'48 屈服准则来描述，这类材料称为"具有异常屈服行为的材料"。

此外，将式(2-28)的前两式与式(2-25)的第一、三式联立，可以得到屈服应力和厚向异性系数之间存在如下关系：

$$\frac{\sigma_0}{\sigma_{90}} = \sqrt{\frac{r_0(1+r_{90})}{r_{90}(1+r_0)}} \tag{2-38}$$

式(2-38)表明，当采用相关联流动准则时，如果 $r_0 > r_{90}$，则有 $\sigma_0 > \sigma_{90}$，反之亦然。

综上分析可知，当采用屈服和塑性流动相关联的流动准则时，Hill'48 屈服准则在应用时存在以下不足：

(1)不能描述 Woodthrope 和 Pearce[3]观察到的"异常屈服"现象，即 $r<1$ 时，实际材料的 $\sigma_b > \sigma_0$(反之亦然)。但是用该屈服准则预测时(见式(2-37))，却有

$$\sigma_b = \sigma_0 \sqrt{\frac{1+r}{2}} < \sigma_0 \tag{2-39}$$

(2)不能描述"二阶异常屈服"现象，即 $r_0 > r_{90}$ 时，实际材料表现为 $\sigma_0 < \sigma_{90}$(反之亦然)。但是利用该屈服准则预测时(见式(2-38))，却有

$$\frac{\sigma_0}{\sigma_{90}} = \sqrt{\frac{r_0(1+r_{90})}{r_{90}(1+r_0)}} > 1 \tag{2-40}$$

(3)在平面应力状态下，Hill'48 屈服准则仅含有四个未知的待定系数，最多只能代入三个厚向异性系数，因此无法准确描述更多的面内各向异性。

2.5　先进各向异性屈服准则

目前，有很多种各向异性屈服准则，但是对于薄壁金属板材和管材，应用较广泛的各向异性屈服准则为 Barlat'89 屈服准则和 Yld2000-2d 屈服准则，下面将对这两种屈服准则进行简要介绍。

2.5.1 Barlat'89 屈服准则

1989 年，Barlat 和 Lian[28]在前人的基础上，给出了用于具有面内各向异性特征材料的 Barlat'89 屈服准则，其通用表达式为

$$f = a|k_1 + k_2|^M + a|k_1 - k_2|^M + c|2k_2|^M = 2\sigma_i^M \tag{2-41}$$

式中，k_1 和 k_2 的表达式为

$$k_1 = \frac{\sigma_{11} + h\sigma_{22}}{2}, \quad k_2 = \left[\left(\frac{\sigma_{11} - h\sigma_{22}}{2}\right)^2 + p^2\sigma_{12}^2\right]^{1/2} \tag{2-42}$$

M 为与材料晶体结构相关的参数，对于 BCC 材料，应取 $M=6$，对于 FCC 材料，应取 $M=8$；σ_i 为材料的流动应力，对于薄壁金属板材一般由轧制方向的单向拉伸试验确定，而对于薄壁金属管材则一般由轴向单向拉伸试验确定。a、c、h 和 p 为与材料相关的待定系数，且有 $a = 2 - c$，因此式(2-41)所示屈服准则实际仅含有三个待定系数 a、h 和 p。

三个待定系数 a、h 和 p 可由三组试验数据确定，例如，对于薄壁金属板材可以利用两种不同剪切试验的屈服应力 τ_{s1}、τ_{s2} 和垂直轧制方向的单向拉伸屈服应力 σ_{90} 确定，即

$$\begin{cases} a = 2 - c = \dfrac{2\left(\dfrac{\sigma_i}{\tau_{s2}}\right)^M - 2\left(1 + \dfrac{\sigma_i}{\sigma_{90}}\right)^M}{1 + \left(\dfrac{\sigma_i}{\sigma_{90}}\right)^M - \left(1 - \dfrac{\sigma_i}{\sigma_{90}}\right)^M} \\ h = \dfrac{\sigma_i}{\sigma_{90}} \\ p = \dfrac{\sigma_i}{\tau_{s1}}\left(\dfrac{2}{2a + 2^M c}\right)^{\frac{1}{M}} \end{cases} \tag{2-43}$$

式中，τ_{s1} 和 τ_{s2} 为两种不同剪切试验的屈服应力，当 $\sigma_{11} = \sigma_{22} = 0$ 时，有 $\sigma_{12} = \tau_{s1}$；当 $\sigma_{22} = -\sigma_{11} = \tau_{s2}$ 时，有 $\sigma_{12} = 0$。

当然，三个待定系数也可由三个方向的厚向异性系数确定。例如，对于薄壁金属板材，利用 r_0 和 r_{90} 可确定待定系数 a、c 和 h：

$$\begin{cases} a = 2 - c = 2 - 2\sqrt{\dfrac{r_0}{1+r_0} \cdot \dfrac{r_{90}}{1+r_{90}}} \\ h = \sqrt{\dfrac{r_0}{1+r_0} \cdot \dfrac{1+r_{90}}{r_{90}}} \end{cases} \quad (2\text{-}44)$$

对于待定系数 p，可利用式(2-15)代入试验测得的 r_{45} 通过数值方法计算确定。图 2-12 和图 2-13 分别为厚向异性系数 r_0 和 r_{90} 对 Barlat'89 屈服轨迹的影响。

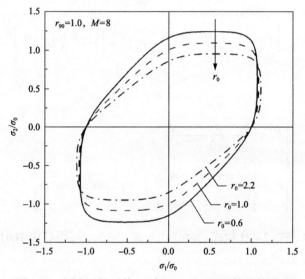

图 2-12　厚向异性系数 r_0 对 Barlat'89 屈服轨迹的影响

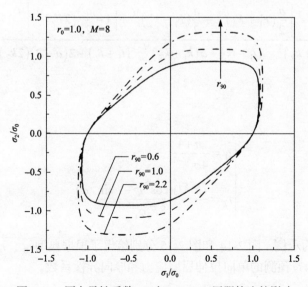

图 2-13　厚向异性系数 r_{90} 对 Barlat'89 屈服轨迹的影响

可以看到，r_0 和 r_{90} 对屈服轨迹的影响明显不同，随着 r_0 的增加，屈服轨迹向内收缩；而随着 r_{90} 的增加，屈服轨迹则向外扩张。

从上述分析可以看出，由于 Barlat'89 屈服准则中包括三个材料参数以及与材料晶体结构相关的 M，参数较多，因此该准则具有较高的灵活性。

将式(2-9)代入式(2-41)，并联立式(2-42)，可得到由 Barlat'89 屈服准则预测单向拉伸屈服应力的关系式为

$$\sigma_\varphi = \frac{\sigma_i}{\left[\frac{a}{2}(F_1+F_2)^M + \frac{a}{2}(F_1-F_2)^M + \left(1-\frac{a}{2}\right)(2F_2)^M\right]^{\frac{1}{M}}} \quad (2\text{-}45)$$

式中

$$\begin{cases} F_1 = \dfrac{h\sin^2\varphi + \cos^2\varphi}{2} \\ F_2 = \left[\left(\dfrac{h\sin^2\varphi - \cos^2\varphi}{2}\right)^2 + p^2\sin^2\varphi\cos^2\varphi\right]^{1/2} \end{cases} \quad (2\text{-}46)$$

将式(2-41)、式(2-42)和式(2-46)代入式(2-15)，可得到由 Barlat'89 预测任意方向厚向异性系数的关系式：

$$r_\varphi = \frac{\left[\frac{a}{2}(F_1+F_2)^M + \frac{a}{2}(F_1-F_2)^M + \left(1-\frac{a}{2}\right)(2F_2)^M\right]^{\frac{1}{M}}}{a(k_1+k_2)^{M-1}(t_1-t_2) + a(k_1-k_2)^{M-1}(t_1+t_2) + 2(a-2)(2k_2)^{M-1}t_2} - 1$$

$$(2\text{-}47)$$

式中

$$\begin{cases} t_1 = \dfrac{h+1}{4\sigma_i^{M-1}} \\ t_2 = \dfrac{(h-1)(\cos^2\varphi - h\sin^2\varphi)}{8F_2\sigma_i^{M-1}} \end{cases} \quad (2\text{-}48)$$

同样，作为示例，图 2-14 和图 2-15 分别给出了根据典型 r_0、r_{45} 和 r_{90} 利用式(2-45)和式(2-47)预测的单向拉伸屈服应力和厚向异性系数。

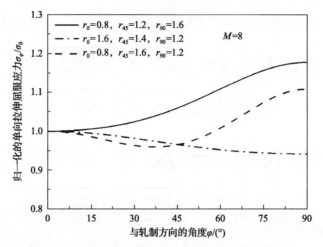

图 2-14 Barlat'89 预测的归一化的单向拉伸屈服应力

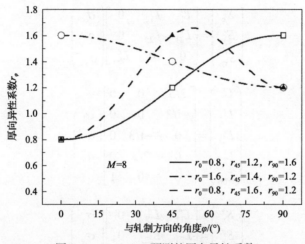

图 2-15 Barlat'89 预测的厚向异性系数

2.5.2 Yld2000-2d 屈服准则

Yld2000-2d 屈服准则[29]是一个专用于平面应力状态的屈服准则，其表达式为

$$f = \phi = \phi' + \phi'' = 2\sigma_i^M \tag{2-49}$$

式中，σ_i 和 M 与 Barlat'89 中的参数具有相同的含义及取值方法。

式(2-49)中，ϕ' 和 ϕ'' 分别为

$$\phi' = \left|S_1' - S_2'\right|^M \tag{2-50}$$

$$\phi'' = \left|2S_1'' - S_2''\right|^M + \left|2S_2'' - S_1''\right|^M \tag{2-51}$$

式中，S_1'、S_2'、S_1'' 和 S_2'' 为应力偏张量的主值，与各分量之间的关系为

$$\begin{cases} S_1' = \dfrac{1}{2}\left[S_x' + S_y' + \sqrt{(S_x' - S_y')^2 + 4(S_{xy}')^2} \right] \\ S_2' = \dfrac{1}{2}\left[S_x' + S_y' - \sqrt{(S_x' - S_y')^2 + 4(S_{xy}')^2} \right] \end{cases} \quad (2\text{-}52)$$

$$\begin{cases} S_1'' = \dfrac{1}{2}\left[S_x'' + S_y'' + \sqrt{(S_x'' - S_y'')^2 + 4(S_{xy}'')^2} \right] \\ S_2'' = \dfrac{1}{2}\left[S_x'' + S_y'' - \sqrt{(S_x'' - S_y'')^2 + 4(S_{xy}'')^2} \right] \end{cases} \quad (2\text{-}53)$$

式中，

$$\begin{pmatrix} S_x' \\ S_y' \\ S_{xy}' \end{pmatrix} = \begin{bmatrix} L_{11}' & L_{12}' & 0 \\ L_{21}' & L_{22}' & 0 \\ 0 & 0 & L_{66}' \end{bmatrix} \begin{pmatrix} \sigma_x \\ \sigma_y \\ \sigma_{xy} \end{pmatrix} \quad (2\text{-}54)$$

$$\begin{pmatrix} L_{11}' \\ L_{12}' \\ L_{21}' \\ L_{22}' \\ L_{66}' \end{pmatrix} = \begin{bmatrix} 2/3 & 0 & 0 \\ -1/3 & 0 & 0 \\ 0 & -1/3 & 0 \\ 0 & 2/3 & 0 \\ 0 & 0 & 1 \end{bmatrix} \begin{pmatrix} \alpha_1 \\ \alpha_2 \\ \alpha_7 \end{pmatrix} \quad (2\text{-}55)$$

$$\begin{pmatrix} S_x'' \\ S_y'' \\ S_{xy}'' \end{pmatrix} = \begin{bmatrix} L_{11}'' & L_{12}'' & 0 \\ L_{21}'' & L_{22}'' & 0 \\ 0 & 0 & L_{66}'' \end{bmatrix} \begin{pmatrix} \sigma_x \\ \sigma_y \\ \sigma_{xy} \end{pmatrix} \quad (2\text{-}56)$$

$$\begin{pmatrix} L_{11}'' \\ L_{12}'' \\ L_{21}'' \\ L_{22}'' \\ L_{66}'' \end{pmatrix} = \dfrac{1}{9}\begin{bmatrix} -2 & 2 & 8 & -2 & 0 \\ 1 & -4 & -4 & 4 & 0 \\ 4 & -4 & -4 & 1 & 0 \\ -2 & 8 & 2 & -2 & 0 \\ 0 & 0 & 0 & 0 & 9 \end{bmatrix} \begin{pmatrix} \alpha_3 \\ \alpha_4 \\ \alpha_5 \\ \alpha_6 \\ \alpha_8 \end{pmatrix} \quad (2\text{-}57)$$

由式(2-49)～式(2-57)可以看到，Yld2000-2d 屈服准则含有八个独立的待定参数，即 α_1、α_2、α_3、…、α_8，需要由八组试验数据确定。其中，$\alpha_1 \sim \alpha_6$ 为仅与正应力有关的待定系数，可以由主坐标系下的试验数据确定。对于轧制金属薄板，一般利用轧制方向和垂直轧制方向的单向拉伸屈服应力和厚向异性系数即

σ_0、σ_{90}、r_0、r_{90}、双向等拉屈服应力和等双拉各向异性系数即 σ_b、r_b，共六个试验数据确定 $\alpha_1 \sim \alpha_6$；而对于薄壁金属管材，可以由主应力为轴向和环向的双轴加载试验数据确定。α_7 和 α_8 为仅与剪应力分量有关的待定系数，需要由含有剪应力分量的试验数据确定。对于轧制金属薄板，可以由板材面内非各向异性主轴方向的单向拉伸屈服应力和厚向异性系数来确定，一般取 σ_{45} 和 r_{45}；而对于薄壁金属管材，则需要由专用带切口管坯试样的拉-剪或压-剪试验数据确定，具体内容将在第 4 章介绍。

综上所述，Yld2000-2d 屈服函数可以表示为

$$f(\sigma_{xx}, \sigma_{yy}, \sigma_{xy}, \alpha_1, \alpha_2, \cdots, \alpha_8, \sigma_i) = \phi - 2\sigma_i^M = 0 \qquad (2\text{-}58)$$

式中，材料的流动应力 σ_i 取 σ_0。下面将给出利用 σ_0、σ_{45}、σ_{90}、σ_b、r_0、r_{45}、r_{90} 和 r_b 共八组数据建立关于待定参数 $\alpha_1 \sim \alpha_8$ 的八个关系式，进而求解获得 $\alpha_1 \sim \alpha_8$ 的过程。

首先利用试验数据 σ_0 建立关于待定参数 $\alpha_1 \sim \alpha_8$ 的关系式。σ_0 试验数据对应的各应力分量为 $[\sigma_{xx} \quad \sigma_{yy} \quad \sigma_{xy}] = [\sigma_0 \quad 0 \quad 0]$，将其代入式 (2-58) 可得

$$f(\sigma_{xx}, \sigma_{yy}, \sigma_{xy}, \alpha_1, \alpha_2, \cdots, \alpha_8, \sigma_i) = f(\sigma_0, 0, 0, \alpha_1, \alpha_2, \cdots, \alpha_8, \sigma_0) = \phi - 2\sigma_0^M = 0 \quad (2\text{-}59)$$

式中，参数 M 将根据所分析金属材料的晶格类型确定，是一个常数。因此，式 (2-59) 中仅含有 $\alpha_1 \sim \alpha_8$ 八个未知参数。

同理，σ_{45}、σ_{90}、σ_b 三组试验数据对应的各应力分量分别为

$$\begin{cases} [\sigma_{xx} \quad \sigma_{yy} \quad \sigma_{xy}] = [\sigma_{45}/2 \quad \sigma_{45}/2 \quad \sigma_{45}/2] \\ [\sigma_{xx} \quad \sigma_{yy} \quad \sigma_{xy}] = [0 \quad \sigma_{90} \quad 0] \\ [\sigma_{xx} \quad \sigma_{yy} \quad \sigma_{xy}] = [\sigma_b \quad \sigma_b \quad 0] \end{cases} \qquad (2\text{-}60)$$

建立的关于待定参数 $\alpha_1 \sim \alpha_8$ 的关系式分别为

$$\begin{cases} f(\sigma_{xx}, \sigma_{yy}, \sigma_{xy}, \alpha_1, \alpha_2, \cdots, \alpha_8, \sigma_i) = f(\sigma_{45}/2, \sigma_{45}/2, \sigma_{45}/2, \alpha_1, \alpha_2, \cdots, \alpha_8, \sigma_0) = 0 \\ f(\sigma_{xx}, \sigma_{yy}, \sigma_{xy}, \alpha_1, \alpha_2, \cdots, \alpha_8, \sigma_i) = f(0, \sigma_{90}, 0, \alpha_1, \alpha_2, \cdots, \alpha_8, \sigma_0) = 0 \\ f(\sigma_{xx}, \sigma_{yy}, \sigma_{xy}, \alpha_1, \alpha_2, \cdots, \alpha_8, \sigma_i) = f(\sigma_b, \sigma_b, 0, \alpha_1, \alpha_2, \cdots, \alpha_8, \sigma_0) = 0 \end{cases}$$

$$(2\text{-}61)$$

进一步将三个厚向异性系数 r_0、r_{45}、r_{90} 及等双拉各向异性系数 r_b 代入式 (2-15)，可以得到另外四个关系式。因为所得的关系式是隐函数形式，无法直接

给出类似式(2-61)的显式表达式。根据上述获得的八个关系式，通过数值计算的方法，即可求解获得八个待定参数。

需要指出，因为Yld2000-2d模型含有八个待定参数，且这些参数与材料的力学性能参数或厚向异性系数之间无直接或显式的关系，因此难以讨论这些具有直观物理意义的参数对理论预测屈服轨迹的影响。关于Yld2000-2d的预测特性或性能，将在后续章节中结合试验测得的数据进行分析讨论。

第3章　各向异性金属薄壳的本构模型

本构模型，是指用于描述材料的变形行为特别是应力-应变关系的模型。如果将应力看作"因"，应变看作"果"，则本构模型就是描述这对"因""果"之间关系的数学模型。根据材料变形的不同性质或阶段，可将本构模型分为弹性本构模型和塑性本构模型。弹性变形时，应力、应变之间满足简单的胡克定律。而在描述塑性变形行为时，则将涉及材料的屈服、硬化、流动三个方面，这也是塑性本构模型的核心内容。

本章将在第2章讨论各向异性金属屈服准则的基础上，进一步介绍塑性本构模型的概念及要素，然后重点讨论加载条件与硬化规律、流动法则，在此基础上举例给出典型各向同性和各向异性本构模型。

3.1 弹塑性本构关系及本构模型

3.1.1 弹塑性本构关系

物体从受力到破坏一般要经历三个阶段：弹性、塑性与破坏。弹性力学研究弹性阶段的受力与形变，在弹性阶段内力与变形存在一一对应关系，当外力消除后变形将完全恢复。塑性力学研究材料在塑性阶段的受力与变形，在塑性阶段材料的应力-应变关系受到加载状态、应力水平、应力历史与应力路径的影响。

连续介质力学中，力平衡微分方程和应变、位移的几何关系都与材料性质及应力状态无关，即与材料是处于弹性状态还是塑性状态无关。弹性力学与塑性力学的差别在于应力与应变之间的物理关系不同。

弹性力学中，应力和应变之间服从广义胡克定律，应力-应变关系是线性的。而塑性力学中，应力-应变关系是非线性的。然而，应力-应变关系的非线性并不是弹性、塑性的最本质或唯一差别。弹性与塑性的本质差别还表现在：①材料是否存在不可逆的塑性变形；②塑性变形中加载和卸载时的变形规律不同；③塑性应力-应变关系与应力历史和应力路径有关。概括而言，塑性状态下的应变不仅与应力有关，还与加载历史、加卸载的状态、加载路径以及微观组织等有关。正因如此，需要用本构关系(constitutive relation)这个名词代替应力-应变关系，以更全面地反映物质本性的变化。

弹性力学中，应力与应变之间一一对应，知道了应力即可求出应变，因此可以得到应力和应变的全量关系。塑性力学中,由于塑性变形中加、卸载规律不一样,当应力一定时,由于加载路径不同,可以对应不同的应变,如图 3-1(a) 所示。反之,当给定应变时,也可以对应不同的应力值,如图 3-1(b) 所示。这说明在进入塑性状态后,若不给定加载路径则无法建立应力-应变之间的全量关系。因此,在塑性本构中需要建立应力增量与应变增量的关系。

式(3-1)给出增量形式的弹塑性应变通用表达式:

$$d\varepsilon_{ij} = d\varepsilon_{ij}^e + d\varepsilon_{ij}^p \qquad (3-1)$$

式中,$d\varepsilon_{ij}$ 为总应变增量;$d\varepsilon_{ij}^e$ 为弹性应变增量;$d\varepsilon_{ij}^p$ 为塑性应变增量。

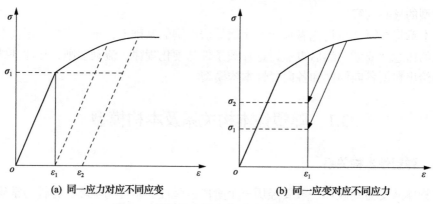

(a) 同一应力对应不同应变　　(b) 同一应变对应不同应力

图 3-1　塑性状态下应力-应变的对应关系

3.1.2　本构模型的建立

一个科学、完整的塑性本构模型,应该能对材料的屈服行为、硬化规律、流动规律进行准确描述。通常,将屈服准则、硬化规律、流动法则称为本构模型的三要素,其分别描述塑性变形是否发生、塑性变形时屈服面如何演变、塑性变形时的流动方向和大小。

要建立一个包罗万象的本构模型几乎是不可能的。一个科学、实用的本构模型,除了要符合力学和热力学的基本原理,还必须进行适当简化,以使参数的选择和计算处理尽量简便。一般,需要根据材料的特性、应用对象及使用要求,建立尽量简单又能说明最主要问题的数学模型。

本构关系的建立,通常是通过一些试验获得少量弹塑性应力-应变关系曲线,然后再通过金属塑性理论以及必要的补充假设,将这些试验结果推广到复杂应力状态,以获得应力-应变的普遍关系。然而,建立一个本构模型是十分困难的。首先,人们对金属塑性理论的认识还不够全面,特别是对于各向异性很强的金属材料；其次，应力历史、应力路径等对试验结果有显著影响。理论上，应选择与实际加载过程相同的应力路径进行试验。但实际上材料各单元的应力路径不同，应力路径或历史也难以确定，因此很难实现与实际变形过程严格一致的试验条件。最后，在整理试验数据和推导本构关系时，会人为做一些没有充足理论依据的近似和假设。因此，所建立的本构模型会与实际情况存在不同程度的差异。在建立本构模型之后，还需要通过模型试验和原型观察，对模型进行进一步验证和修正。

3.2 加卸载准则

3.2.1 加卸载概念

由金属材料单向拉伸试验可知，材料达到屈服后，加载与卸载情况下的应力-应变曲线不同，这说明塑性应力-应变关系与载荷状态密切相关。只有应力增量满足屈服准则时，才有可能产生塑性应变增量；卸载时只有弹性变形恢复，而塑性变形保持不变，所以卸载状况也是区别弹性体与塑性体的一个标志。为了判别什么条件下是加载状态，什么条件下是卸载状态，需要给出一个严格的准则。

加卸载状态既可由加卸载定义直接作出判断，也可由屈服面状态给出。本书讨论的材料都是硬化材料，对于理想塑性材料和软化材料的加卸载准则，本书暂不涉及。

3.2.2 单向应力状态下的加卸载

对于单向拉伸试验，在弹性变形阶段应力-应变关系是线性、可逆的，即加载、卸载、反向加载沿着同一路线，应力与应变有一一对应的单值关系。因此，无论加载历史如何，应力与应变的最终数值都可用简单叠加的办法求得，如图3-2所示。

开始塑性变形后，应力与应变的关系由线性变为非线性，由可逆变为不可逆，加载、卸载将沿着不同路线进行。如图3-3所示，加载沿着实线，卸载沿着虚线。若卸载后重新同向加载，应力与应变之间的关系仍然沿着同一直线，先后经历弹性变形、屈服、塑性变形阶段，而重新加载时的屈服点即为上次卸载时的应力。若在卸载以后反向加载，则弹性系数不变，但反向加载时材料的屈服点一般有所降低，这种现象称为反载软化或包辛格效应。

3.2.3 一般应力状态下的加卸载

对于单向应力状态，区别材料的加载和卸载相对容易。但是对于一般的应力状态，情况将变得复杂。

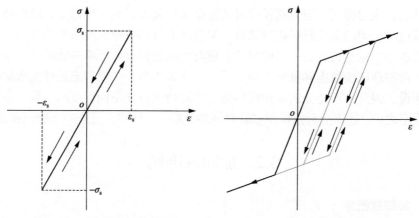

图 3-2 弹性变形的可逆性　　　图 3-3 塑性变形的不可逆性

为衡量塑性变形程度或硬化程度，常用塑性功 W_p 作为硬化参量。在一般应力状态下，加卸载的性质常用塑性功增量 dW_p 来判断：

$$dW_p = \sigma_x d\varepsilon_x^p + \cdots + \tau_{xz} d\gamma_{xz}^p = \sigma_{ij} d\varepsilon_{ij}^p \tag{3-2}$$

式中，$d\varepsilon^p$、$d\gamma^p$ 为塑性应变增量。

若用主应力表示，则为

$$dW_p = \sigma_1 d\varepsilon_1^p + \sigma_2 d\varepsilon_2^p + \sigma_3 d\varepsilon_3^p \tag{3-3}$$

根据 dW_p 的正负，可判断加载和卸载的状态：

(1) $dW_p > 0$ 的过程，称为加载。

(2) $dW_p = 0$ 的过程，称为中性变载。

(3) $dW_p < 0$ 的过程，称为卸载。

对于加载，根据加载期间各载荷之间的关系，可将其进一步细分为简单加载和复杂加载。所谓简单加载，是指整个加载期间各载荷(力、力矩、压力)同时成比例地增加，因而应力状态及应力主轴在加载全过程也保持不变。将不满足简单加载条件的加载称为复杂加载。需要指出，在实践中很难严格满足简单加载的条件。

3.3　各向异性金属薄壳的加载与硬化

3.3.1　加载条件

金属材料在单向拉伸时，塑性变形某一时刻的变形抗力通常高于前一时刻，即材料的屈服应力不断提高,这称为应变强化或应变硬化。在复杂状态下,塑性变形后的屈服条件也将发生变化。这种变化的屈服条件称为加载条件(硬化条件与软化条件)。

加载条件与屈服条件不同:屈服条件是初始弹性与塑性状态的界限,它与应力历史无关;加载条件是后继弹性与塑性状态的界限,将随着塑性变形的发展而不断变化,其一般与应力历史有关。如前所述,从塑性力学角度来看,对于金属材料,在达到初始屈服面后其屈服面连续扩大,达到破坏时屈服面将与破坏面重合。最初的弹性界限通常称为初始屈服面,其表达式即为屈服条件。材料发生塑性变形后的弹性边界,称为加载屈服面或后继屈服面,简称加载面。最终的后继屈服面就是破坏面。对于理想塑性材料,初始屈服面、加载屈服面和破坏面都是重合的,所以其加载条件和破坏条件等同于初始屈服条件。

3.3.2 硬化规律与硬化模型

对于硬化材料,在加载过程中随着加载应力及加载路径的变化,加载面的形状、大小、加载面中心的位置以及加载面的主方向都可能发生变化。加载面在应力空间中的位置、大小、形状的变化规律称为硬化规律。对于复杂应力状态,目前的试验方法及数据还无法完整确定加载面的变化规律,因而需要对加载面的运动与变化规律做相应假设以建立近似数学模型,即硬化模型。

现有的弹塑性模型,大多采用等值面硬化理论,即把屈服面看成某一硬化参量的等值面。为使问题简化,一般假设加载面在主应力空间不发生转动,即主应力方向保持不变,同时还假设加载面的形状保持不变。如果加载面在应力空间只做形状相似的扩大,则称为等向或各向同性硬化;如果加载面在应力空间内发生形状与大小都不变的平移运动,则称为随动或运动硬化;如果加载面在应力空间同时发生形状和大小变化以及平移运动,则称为混合硬化。金属材料一般采用等向硬化或随动硬化;循环荷载与动力问题常采用随动硬化或混合硬化。

3.3.3 等向强化模型

如果材料在整个变形过程中遵循同一屈服准则,则其屈服函数可表达为

$$f\left(\sigma_{ij}, \alpha_{ij}^0\right) = \sigma_i \tag{3-4}$$

式中,α_{ij}^0 为屈服方程的系数矩阵,其在整个变形过程为一组常数;σ_i 为材料的流动应力。

式(3-4)中材料的流动应力 σ_i 随着塑性功变化而变化,于是其可以进一步写为

$$f\left(\sigma_{ij}, \alpha_{ij}^0\right) = \sigma_i\left(W_p\right) \tag{3-5}$$

式中，$\sigma_i(W_p)$ 为材料的流动应力随塑性功 W_p 的增加而变化。

随着塑性变形的发展，总的塑性功不断积累，因此 $\sigma_i(W_p)$ 逐渐增加，式(3-5)在应力空间对应一系列强化曲面，这就是等向强化模型。等向强化模型常作为经典塑性力学中分析材料单元体塑性变形和流动发展的基本模型。等向强化意味着后继屈服面以等比例的方式向外扩展，进而形成一系列具有类似形状的后继屈服面。图 3-4 中给出主应力平面内初始屈服轨迹与后继屈服轨迹。

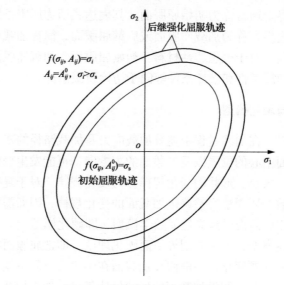

图 3-4　等向强化后继屈服轨迹

在第 2 章讨论过的各种屈服准则，都可以应用等向强化模型将其转换成后继屈服方程来描述材料单元体的后继屈服过程。

例如，按特雷斯卡(Tresca)屈服准则建立此模型，则其在 π 平面的屈服轨迹为一系列同心六边形，如图 3-5 所示。若按 Mises 屈服准则建立此模型，则其在 π 平面的屈服轨迹为一系列同心圆，如图 3-6 所示。

同样，对于其他各向异性屈服准则，当满足等向强化模型时，也可获得类似图形。例如，对于 Hill'48 屈服准则，可直接由式(2-30)得到其在平面应力坐标系下的等向强化后继屈服方程：

$$\sigma_{11}^2 - \frac{2r_0}{1+r_0}\sigma_{11}\sigma_{22} + \frac{r_0(1+r_{90})}{r_{90}(1+r_0)}\sigma_{22}^2 + \frac{r_0+r_{90}}{r_{90}(1+r_0)}(2r_{45}+1)\sigma_{12}^2 = \left[\sigma_0(W_p)\right]^2 \quad (3\text{-}6)$$

式中，r_0、r_{45}、r_{90} 为不随强化程度而改变的常数；$\sigma_0(W_p)$ 表示以板材轧制方向的流动应力作为材料的流动应力，该值随着塑性功 W_p 的增加而增加。

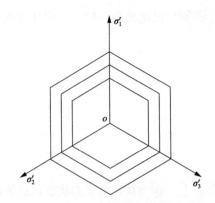
图 3-5 Tresca 屈服准则的等向强化模型

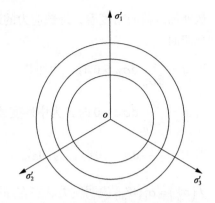
图 3-6 Mises 屈服准则的等向强化模型

假设板材处于平面应力状态，且应力主轴与板材各向异性主轴重合，则可得

$$\sigma_1^2 - \frac{2r_0}{1+r_0}\sigma_1\sigma_2 + \frac{r_0(1+r_{90})}{r_{90}(1+r_0)}\sigma_2^2 = \left[\sigma_0(W_p)\right]^2 \tag{3-7}$$

当对应不同的 α_{ij}^0 即 r_0、r_{90} 值时，由式(3-7)可得到不同形状的等向强化后继屈服轨迹，如图 3-7 所示。

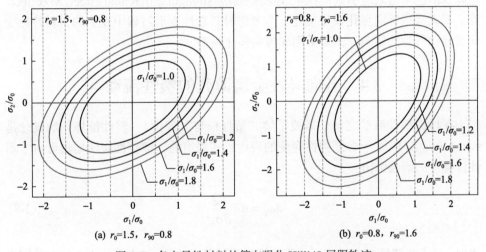
图 3-7 各向异性材料的等向强化 Hill'48 屈服轨迹

由图 3-7 可见，由于确定屈服方程待定系数所采用的各向异性试验数据即 r_0、r_{90} 不同，当对应相同的强化状态时，它们的等向强化后继屈服轨迹在应力空间将表现出完全不同的形状。但是，对于利用同一组试验数据 $\alpha_{ij}^0 = [r_0, r_{90}]$ 的后继屈服方程，所有对应生成的后继屈服轨迹都是相似的，随着等效强化程度的增加，屈服轨迹等比例放大。

从外加载荷的角度看，外载应力的组合必须与强化曲面一致，即强化曲面就是加载曲面。

当 $\mathrm{d}f = \dfrac{\partial f}{\partial \sigma_{ij}} \mathrm{d}\sigma_{ij} > 0$ 时，为加载。

当 $\mathrm{d}f = \dfrac{\partial f}{\partial \sigma_{ij}} \mathrm{d}\sigma_{ij} = 0$ 时，为中性变载。

当 $\mathrm{d}f = \dfrac{\partial f}{\partial \sigma_{ij}} \mathrm{d}\sigma_{ij} < 0$ 时，为卸载。

$f(\sigma_{ij}) = \sigma_i(W_\mathrm{p})$ 说明应力状态在屈服曲面上。$\mathrm{d}f > 0$ 表示应力状态从屈服曲面"外移"，发生塑性流动。$\mathrm{d}f < 0$ 表示应力状态从屈服曲面"内移"，发生弹性卸载。$\mathrm{d}f = 0$ 说明应力状态在屈服曲面上移动。对强化材料而言，此时既不会发生塑性流动，也不会弹性卸载，因而称为中性变载。对于无强化的理想塑性材料，不存在 $\mathrm{d}f > 0$ 的情况，在 $\mathrm{d}f = 0$ 的条件下材料继续塑性流动，所以理想塑性材料在屈服以后，无应力增量同样可产生塑性变形。

利用等向强化模型，虽然可以形象地解释一般应力状态下的强化，但它不能完全反映真实材料的强化行为。例如，材料在塑性变形过程中各向异性特性的变化以及由包辛格效应引起的拉-压强度差效应(strength differential effect, SD effect)等，都无法用等向强化模型描述。为考虑材料塑性变形过程中发生的材料特性变化对强化行为的影响，需要采用非等向强化模型。

3.4 各向异性金属薄壳的塑性流动

在讨论塑性流动之前，需要了解"塑性位势"理论。"塑性位势"的概念是 von Mises 在 1928 年参照弹性应变的表达形式提出的，即塑性应变增量可由"塑性位势"的函数给出：

$$\mathrm{d}\varepsilon_{ij}^\mathrm{p} = \mathrm{d}\lambda \dfrac{\partial g}{\partial \sigma_{ij}} \tag{3-8}$$

式中，$\mathrm{d}\varepsilon_{ij}^\mathrm{p}$ 为塑性应变增量；g 为塑性位势函数；$\mathrm{d}\lambda$ 为与应力、应变、变形历史有关的常数因子。

式(3-8)中，$\partial g/\partial \sigma_{ij}$ 表示的是塑性位势函数 g 在应力点 σ_{ij} 处的梯度，或者其法线方向，其物理意义如图 3-8 所示。式(3-8)中塑性应变增量 $\mathrm{d}\varepsilon_{ij}^\mathrm{p}$ 与 $\partial g/\partial \sigma_{ij}$ 成比例，表示应变增量与塑性位势函数 g 的法向一致或者说与塑性位势面垂直。但是，塑性应变增量的具体大小，需要通过屈服方程的增量形式由参数 $\mathrm{d}\lambda$ 确定。而参数

dλ 与应力增量的大小及方向有关,其将由后续屈服方程的强化增量对应给出。

塑性位势函数 g 只与材料单元体的塑性变形特性相关,而与塑性形变能之间无任何内在联系。塑性位势函数与屈服函数是两个完全不同的函数,描述的是两个完全不同的物理概念,特别是对于一些具有特殊强化屈服特性的工程材料,如压力敏感材料、各向异性材料、具有包辛格效应的运动强化材料等。塑性位势函数将在应力空间表现出与屈服函数完全不同的几何形状和梯度变化特性。

但是在实践中,为了数值计算上的方便,经常假设塑性位势函数 g 与屈服函数 f 具有完全相同的形式,塑性应变增量的流动方向可直接利用屈服函数的梯度来定义。将这种处理方式称为"屈服与塑性位势相关联"。

假设塑性位势函数 g 与屈服函数 f 相同,即 $g=f$。某一应力状态下塑性流动方向即为对应应力状态时屈服面的外法线方向。这种流动准则称为"相关联流动准则"。此时,塑性应变增量的计算式可表示为

$$d\varepsilon_{ij}^{p} = d\lambda \frac{\partial f}{\partial \sigma_{ij}} \tag{3-9}$$

当假设材料遵循"相关联流动准则"时,塑性位势的梯度等于后继屈服函数的梯度,如图 3-9 所示。图中,N 表示屈服函数的梯度方向,而 $d\sigma^N$、$d\sigma^T$ 分别代表应力张量沿梯度方向和垂直于梯度方向的分量。此时,屈服函数 f 需同时描述材料单元体的各向异性屈服特性和各向异性塑性流动特性。因此,在确定屈服函数 f 中的待定系数时,必须同时利用两组不同的试验数据,即用于描述材料单元体各向异性强化屈服特性的流动应力以及用于描述各向异性塑性流动特性的 r 值或塑性应变增量。一般情况下,需要选取几个特定的应力状态以建立试验数据与待定参数之间的关系式。

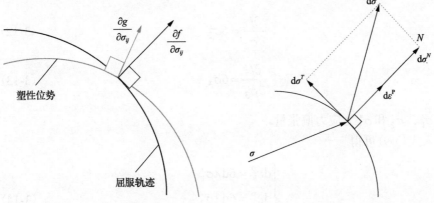

图 3-8 塑性位势面和屈服轨迹的关系　　图 3-9 屈服函数与塑性位势函数相关联的示意图

但是，当假设材料满足"屈服与塑性位势相关联"流动准则时，无论是利用各向同性屈服准则还是利用各向异性屈服准则，在确定塑性变形应变增量时，均需要确定等效应力 σ_i 与等效应变 ε_i 之间的函数关系 $\sigma_i = f(\varepsilon_i)$，即硬化曲线。

材料的硬化曲线一般都是通过单向拉伸试验确定的。由于试验获得的都是离散的数据点，在应用时需要用一特定的数学函数来逼近或拟合试验曲线。常用的函数为幂指数函数，其常见的表达形式为

$$\begin{cases} \sigma_i = \sigma_c + K\varepsilon_i^n \\ \sigma_i = K\varepsilon_i^n \\ \sigma_i = c(\varepsilon_0 + \varepsilon_i)^q \end{cases} \tag{3-10}$$

式中，σ_c、K、n、c、ε_0、q 均为材料常数。

需要指出，虽然相关联流动准则没有严格的理论证明，但目前在金属材料中应用最为广泛。其难点在于，当假设材料满足"相关联流动准则"后，屈服函数需同时描述材料的屈服和塑性流动特性，而采用单一函数式同时准确预测各向异性材料的屈服和塑性流动行为一直是一个大的挑战。

3.5 各向同性金属薄壳的本构关系

对于各向同性材料，若假设材料服从 Mises 屈服准则，则

$$\frac{\partial f}{\partial \sigma_1} = 2\left[2\sigma_1 - (\sigma_2 + \sigma_3)\right] = 6\left[\sigma_1 - \frac{1}{3}(\sigma_1 + \sigma_2 + \sigma_3)\right] = 6\sigma_1' \tag{3-11}$$

同理，可得

$$\frac{\partial f}{\partial \sigma_2} = 6\sigma_2' \tag{3-12}$$

$$\frac{\partial f}{\partial \sigma_3} = 6\sigma_3' \tag{3-13}$$

式中，σ_1'、σ_2' 和 σ_3' 为应力偏张量。

代入式(3-9)可得

$$\begin{cases} d\varepsilon_1^p = 6d\lambda\sigma_1' \\ d\varepsilon_2^p = 6d\lambda\sigma_2' \\ d\varepsilon_3^p = 6d\lambda\sigma_3' \end{cases} \tag{3-14}$$

或

$$d\varepsilon_{ij}^p = 6d\lambda \sigma_{ij}' \tag{3-15}$$

下面给出比例系数 $d\lambda$ 的确定过程。

利用比例规则，由式(3-14)可得

$$\begin{aligned}
&\frac{d\varepsilon_1^p - d\varepsilon_2^p}{\sigma_1' - \sigma_2'} = \frac{d\varepsilon_2^p - d\varepsilon_3^p}{\sigma_2' - \sigma_3'} = \frac{d\varepsilon_3^p - d\varepsilon_1^p}{\sigma_3' - \sigma_1'} \\
&= \frac{d\varepsilon_1^p - d\varepsilon_2^p}{\sigma_1 - \sigma_2} = \frac{d\varepsilon_2^p - d\varepsilon_3^p}{\sigma_2 - \sigma_3} = \frac{d\varepsilon_3^p - d\varepsilon_1^p}{\sigma_3 - \sigma_1} \\
&= \frac{\frac{1}{\sqrt{2}}\left[\left(d\varepsilon_1^p - d\varepsilon_2^p\right)^2 + \left(d\varepsilon_2^p - d\varepsilon_3^p\right)^2 + \left(d\varepsilon_3^p - d\varepsilon_1^p\right)^2\right]^{1/2}}{\frac{1}{\sqrt{2}}\left[(\sigma_1 - \sigma_2)^2 + (\sigma_2 - \sigma_3)^2 + (\sigma_3 - \sigma_1)^2\right]^{1/2}} = 6d\lambda
\end{aligned} \tag{3-16}$$

对于 Mises 屈服准则，有

$$\sigma_i = \frac{1}{\sqrt{2}}\left[(\sigma_1 - \sigma_2)^2 + (\sigma_2 - \sigma_3)^2 + (\sigma_3 - \sigma_1)^2\right]^{1/2} \tag{3-17}$$

$$d\varepsilon_i = \frac{\sqrt{2}}{3}\left[\left(d\varepsilon_1^p - d\varepsilon_2^p\right)^2 + \left(d\varepsilon_2^p - d\varepsilon_3^p\right)^2 + \left(d\varepsilon_3^p - d\varepsilon_1^p\right)^2\right]^{1/2} \tag{3-18}$$

将式(3-17)和式(3-18)代入式(3-16)可得

$$6d\lambda = \frac{3d\varepsilon_i}{2\sigma_i} \tag{3-19}$$

因此，当材料满足"屈服与塑性位势相关联"流动准则时，基于 Mises 屈服准则可得材料的塑性应变增量分量为

$$\begin{cases} d\varepsilon_1^p = \dfrac{3d\varepsilon_i}{2\sigma_i}\sigma_1' \\ d\varepsilon_2^p = \dfrac{3d\varepsilon_i}{2\sigma_i}\sigma_2' \\ d\varepsilon_3^p = \dfrac{3d\varepsilon_i}{2\sigma_i}\sigma_3' \end{cases} \tag{3-20}$$

式(3-20)即为材料满足"屈服与塑性位势相关联"流动准则时，利用 Mises

屈服准则计算不同应力状态或加载路径下的塑性应变增量表达式，即塑性本构关系。对于各向异性屈服准则，可采用类似的方法得到相应关系式。

3.6 各向异性金属薄壳的本构关系

对于各向异性材料，若假设材料服从 Hill'48 屈服准则，则其在主应力坐标系下可表示为

$$f(\sigma_{ij}) = \frac{1}{2}\left[F(\sigma_2-\sigma_3)^2 + G(\sigma_3-\sigma_1)^2 + H(\sigma_1-\sigma_2)^2\right]^2 \tag{3-21}$$

由式(3-21)，可进一步获得

$$\begin{cases} \dfrac{\partial f}{\partial \sigma_1} = H(\sigma_1-\sigma_2) + G(\sigma_1-\sigma_3) \\ \dfrac{\partial f}{\partial \sigma_2} = F(\sigma_2-\sigma_3) + H(\sigma_2-\sigma_1) \\ \dfrac{\partial f}{\partial \sigma_3} = F(\sigma_3-\sigma_1) + H(\sigma_3-\sigma_2) \end{cases} \tag{3-22}$$

将其代入式(3-9)可得

$$\begin{cases} d\varepsilon_1^p = d\lambda\left[H(\sigma_1-\sigma_2) + G(\sigma_1-\sigma_3)\right] \\ d\varepsilon_2^p = d\lambda\left[F(\sigma_2-\sigma_3) + H(\sigma_2-\sigma_1)\right] \\ d\varepsilon_3^p = d\lambda\left[G(\sigma_3-\sigma_1) + F(\sigma_3-\sigma_2)\right] \end{cases} \tag{3-23}$$

为确定式(3-23)中的比例系数 $d\lambda$，需建立其与单向拉伸应力-应变曲线的关系。与各向同性材料的处理方法类似，对于一般应力状态下的各向异性材料，需要定义一个与单向拉伸等效的等效应力和等效应变。

等效应力是一个决定材料塑性流动是否发生的量，所以可以假定屈服函数 $f(\sigma_{ij})$ 与等效应力 σ_i 之间有以下关系：

$$f(\sigma_{ij}) = p\sigma_i^q \tag{3-24}$$

式中，p、q 均为常数。

同时，等效应力又可作为一个可比指标，将一般应力状态等效为单向拉伸时的应力。单向拉伸时，$\sigma_2 = \sigma_3 = 0$，因此 $\sigma_i = \sigma_1$。考虑到

$$f(\sigma_{ij}) = \frac{1}{2}\left[F(\sigma_2-\sigma_3)^2 + G(\sigma_3-\sigma_1)^2 + H(\sigma_1-\sigma_2)^2\right] \\ = p\sigma_i^q = p\sigma_1^q \tag{3-25}$$

可得

$$\frac{1}{2}(G+H)\sigma_1^2 = p\sigma_1^q \tag{3-26}$$

显然

$$p = \frac{1}{2}(G+H), \quad q=2 \tag{3-27}$$

同理，取 $\sigma_1 = \sigma_3 = 0$, $\sigma_2 = \sigma_i$，可得

$$p = \frac{1}{2}(F+H), \quad q=2 \tag{3-28}$$

取 $\sigma_1 = \sigma_2 = 0$, $\sigma_3 = \sigma_i$，可得

$$p = \frac{1}{2}(F+G), \quad q=2 \tag{3-29}$$

式(3-27)～式(3-29)三式相加，可得

$$p = \frac{1}{3}(F+G+H), \quad q=2 \tag{3-30}$$

所以，等效应力 σ_i 为

$$\sigma_i = \left[\frac{f(\sigma_{ij})}{p}\right]^{1/2} = \sqrt{\frac{3}{2}}\sqrt{\frac{F(\sigma_2-\sigma_3)^2 + G(\sigma_3-\sigma_1)^2 + H(\sigma_1-\sigma_2)^2}{F+G+H}} \tag{3-31}$$

等效应变增量 $d\varepsilon_i$ 的定义，可以从单位体积的塑性功 dW 出发。单位体积的塑性功 dW 可表示为

$$dW = \sigma_i d\varepsilon_i = \sigma'_{ij} d\varepsilon_{ij}^p \tag{3-32}$$

所以，等效应变增量 $d\varepsilon_i$ 为

$$\mathrm{d}\varepsilon_{\mathrm{i}} = \frac{\sigma'_{ij}}{\sigma_{\mathrm{i}}} \mathrm{d}\varepsilon^{\mathrm{p}}_{ij} = \mathrm{d}\lambda \frac{\sigma'_{ij}}{\sigma_{\mathrm{i}}} \frac{\partial f}{\partial \sigma_{ij}}$$

$$= \mathrm{d}\lambda \frac{1}{\sigma_{\mathrm{i}}} \left(\sigma'_1 \frac{\partial f}{\partial \sigma_1} + \sigma'_2 \frac{\partial f}{\partial \sigma_2} + \sigma'_3 \frac{\partial f}{\partial \sigma_3} \right) \quad (3\text{-}33)$$

$$= \mathrm{d}\lambda \frac{1}{\sigma_{\mathrm{i}}} \left[H(\sigma_1 - \sigma_2)^2 + F(\sigma_2 - \sigma_3)^2 + G(\sigma_3 - \sigma_1)^2 \right]$$

将式(3-31)代入式(3-33)，可得

$$\mathrm{d}\varepsilon_{\mathrm{i}} = \frac{2}{3}(F + G + H)\sigma_{\mathrm{i}}\mathrm{d}\lambda \quad (3\text{-}34)$$

利用比例规则，整理式(3-23)可推得比例系数 $\mathrm{d}\lambda$：

$$\mathrm{d}\lambda = \frac{\mathrm{d}\varepsilon^{\mathrm{p}}_1}{H(\sigma_1 - \sigma_2) + G(\sigma_1 - \sigma_3)} = \frac{\mathrm{d}\varepsilon^{\mathrm{p}}_2}{F(\sigma_2 - \sigma_3) + H(\sigma_2 - \sigma_1)}$$

$$= \frac{\mathrm{d}\varepsilon^{\mathrm{p}}_3}{G(\sigma_3 - \sigma_1) + F(\sigma_3 - \sigma_2)} = \frac{\sqrt{H}\left(F\mathrm{d}\varepsilon^{\mathrm{p}}_1 - G\mathrm{d}\varepsilon^{\mathrm{p}}_2\right)}{\sqrt{H}(FH + GF + HG)(\sigma_1 - \sigma_2)}$$

$$= \frac{\sqrt{F}\left(G\mathrm{d}\varepsilon^{\mathrm{p}}_2 - H\mathrm{d}\varepsilon^{\mathrm{p}}_3\right)}{\sqrt{F}(FH + GF + HG)(\sigma_2 - \sigma_3)} = \frac{\sqrt{G}\left(H\mathrm{d}\varepsilon^{\mathrm{p}}_3 - F\mathrm{d}\varepsilon^{\mathrm{p}}_1\right)}{\sqrt{G}(FH + GF + HG)(\sigma_3 - \sigma_1)} \quad (3\text{-}35)$$

$$= \frac{\left[H\left(F\mathrm{d}\varepsilon^{\mathrm{p}}_1 - G\mathrm{d}\varepsilon^{\mathrm{p}}_2\right)^2 + F\left(G\mathrm{d}\varepsilon^{\mathrm{p}}_2 - H\mathrm{d}\varepsilon^{\mathrm{p}}_3\right)^2 + G\left(H\mathrm{d}\varepsilon^{\mathrm{p}}_3 - F\mathrm{d}\varepsilon^{\mathrm{p}}_1\right)^2\right]^{1/2}}{(FH + GF + HG)\left[H(\sigma_1 - \sigma_2)^2 + F(\sigma_2 - \sigma_3)^2 + G(\sigma_3 - \sigma_1)^2\right]^{1/2}}$$

将式(3-31)、式(3-35)代入式(3-34)可得

$$\mathrm{d}\varepsilon_{\mathrm{i}} = \frac{\sqrt{\frac{2}{3}(F + G + H)}\left[\begin{array}{l} H\left(F\mathrm{d}\varepsilon^{\mathrm{p}}_1 - G\mathrm{d}\varepsilon^{\mathrm{p}}_2\right)^2 \\ + F\left(G\mathrm{d}\varepsilon^{\mathrm{p}}_2 - H\mathrm{d}\varepsilon^{\mathrm{p}}_3\right)^2 + G\left(H\mathrm{d}\varepsilon^{\mathrm{p}}_2 - F\mathrm{d}\varepsilon^{\mathrm{p}}_1\right)^2 \end{array}\right]^{1/2}}{FH + GF + HG} \quad (3\text{-}36)$$

由式(3-34)，可将比例系数 $\mathrm{d}\lambda$ 写为

$$\mathrm{d}\lambda = \frac{3\mathrm{d}\varepsilon_{\mathrm{i}}}{2\sigma_{\mathrm{i}}} \frac{1}{F + G + H} \quad (3\text{-}37)$$

将式(3-37)代入式(3-23)，可得塑性应变增量分量为

$$\begin{cases} \mathrm{d}\varepsilon_1 = \dfrac{3\mathrm{d}\varepsilon_\mathrm{i}}{2\sigma_\mathrm{i}}\left[\dfrac{H}{F+G+H}(\sigma_1-\sigma_2)+\dfrac{G}{F+G+H}(\sigma_1-\sigma_3)\right] \\ \mathrm{d}\varepsilon_2 = \dfrac{3\mathrm{d}\varepsilon_\mathrm{i}}{2\sigma_\mathrm{i}}\left[\dfrac{F}{F+G+H}(\sigma_2-\sigma_3)+\dfrac{H}{F+G+H}(\sigma_2-\sigma_1)\right] \\ \mathrm{d}\varepsilon_3 = \dfrac{3\mathrm{d}\varepsilon_\mathrm{i}}{2\sigma_\mathrm{i}}\left[\dfrac{G}{F+G+H}(\sigma_3-\sigma_1)+\dfrac{F}{F+G+H}(\sigma_3-\sigma_2)\right] \end{cases} \quad (3\text{-}38)$$

式(3-38)即为材料满足"屈服与塑性位势相关联"流动准则时,利用 Hill'48 屈服准则计算的不同应力状态或加载路径下的塑性应变增量表达式,即塑性本构关系。对于其他各向异性屈服准则,可采用类似的方法得到相应关系式。

对于平面应力状态,式(3-38)可简化为

$$\begin{cases} \mathrm{d}\varepsilon_1 = \dfrac{3\mathrm{d}\varepsilon_\mathrm{i}}{2\sigma_\mathrm{i}}\left(\dfrac{H+G}{F+G+H}\sigma_1-\dfrac{H}{F+G+H}\sigma_2\right) \\ \mathrm{d}\varepsilon_2 = \dfrac{3\mathrm{d}\varepsilon_\mathrm{i}}{2\sigma_\mathrm{i}}\left(\dfrac{F+H}{F+G+H}\sigma_2-\dfrac{H}{F+G+H}\sigma_1\right) \\ \mathrm{d}\varepsilon_3 = -\dfrac{3\mathrm{d}\varepsilon_\mathrm{i}}{2\sigma_\mathrm{i}}\left(\dfrac{G}{F+G+H}\sigma_1+\dfrac{F}{F+G+H}\sigma_2\right) \end{cases} \quad (3\text{-}39)$$

3.7 各向异性金属薄壳本构关系的应用

图3-10为通过单向拉伸试验测得的铝合金AA6061薄壁管材轴向的应力-应变曲线,管材外径为 40mm,壁厚为 1.8mm,假设管材面内各向同性,仅存在厚向异性,厚向异性系数为 0.85。

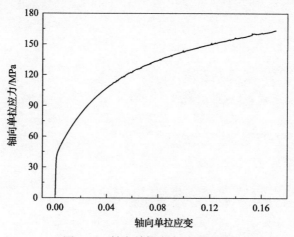

图3-10 轴向单拉应力-应变曲线

利用式(3-39)并结合第 2 章中确定的 Hill'48 屈服准则的待定参数，可计算任意应力路径下流动应力-应变曲线。图 3-11(a)和(b)分别为获得的双向等拉应力-应变曲线和纯剪切应力-应变曲线。

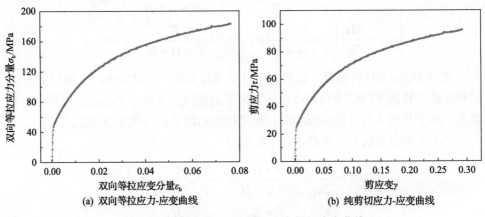

图 3-11　利用 Hill'48 预测的流动应力-应变曲线

第4章 各向异性金属薄壳本构模型的参数确定

本构模型的本质，是描述材料变形行为的数学表达式，建立模型时首先需要通过特定试验数据确定本构模型中的参数。金属薄板和薄管在几何结构上明显不同，因此用于确定模型参数的试验数据也存在差异。

本章将分别介绍基于板状试样和基于管状试样的本构模型参数确定方法，重点讨论确定模型参数所需要的试验数据类型、不同类型试验数据的选用原则、模型参数求解方法。针对金属薄壁管状试样，详细介绍不同类型试验数据的试验测定方法。本章将为后续建立各向异性金属薄壳特别是金属薄管的各向异性本构模型奠定基础。

4.1 基于板状试样的本构模型参数确定

各向异性本构模型中，通常包含与正应力、剪应力相关的两类参数。理论上讲，这两类参数需要分别采用正应力和剪应力相关的应力数据来确定。当采用"屈服与塑性位势相关联流动法则"时，应力分量与应变分量之间满足一定的转换关系，因此也可采用应变数据确定本构模型中的相关参数。

金属薄壁板坯具有非封闭几何特征，易于通过单向拉伸和双向拉伸试验直接获得既含正应力和正应变、又含剪应力和剪应变的试验数据，因此下面将首先介绍基于板状试样的本构模型参数确定方法。

4.1.1 采用应力数据的模型参数确定方法

应力数据是指不同加载条件或应力状态下的屈服应力。对于金属薄板，易于获得任意方向的单向拉伸屈服应力如 σ_0、σ_{15}、σ_{30}、σ_{45}、σ_{60}、σ_{75}、σ_{90} 和任意双向拉伸应力状态下的屈服应力。

以金属薄板轧制方向 x 和垂直轧制方向 y 为坐标轴构成一个直角坐标系 x-y。任意双向拉伸屈服应力表示为 σ_{xx}、σ_{yy}。假设与轧制方向成 φ 角度的单向拉伸屈服应力为 σ_φ，则其可在 x-y 坐标系中表示为应力分量的形式：

$$\begin{cases} \sigma_{xx} = \sigma_\varphi \cos^2 \varphi \\ \sigma_{yy} = \sigma_\varphi \sin^2 \varphi \\ \sigma_{xy} = \sigma_\varphi \sin \varphi \cos \varphi \end{cases} \quad (4\text{-}1)$$

下面结合典型各向异性屈服准则，说明如何利用基于板状试样拉伸试验所得应力数据确定模型参数。

1. Hill'48 模型

对于 Hill'48 模型，应用单向拉伸屈服应力 σ_φ 确定模型参数时，将式(4-1)中的应力分量代入式(2-35)可得

$$\sigma_\varphi = \left[\frac{1}{(G+H)\cos^4\varphi - 2(H-N)\cos^2\varphi\sin^2\varphi + (H+F)\sin^4\varphi}\right]^{1/2} \quad (4\text{-}2)$$

取多个 φ 方向上的单向拉伸屈服应力 σ_φ，可建立由多个式(4-2)所示方程构成的方程组，通过解方程组可得模型参数 H、G、F、N。

应用双向拉伸屈服应力 σ_{xx}、σ_{yy} 确定模型参数时，将屈服应力 σ_{xx}、σ_{yy} 代入 Hill'48 模型，可得

$$(G+H)\sigma_{xx}^2 - 2H\sigma_{xx}\sigma_{yy} + (H+F)\sigma_{yy}^2 = \sigma_i^2 \quad (4\text{-}3)$$

取多个双向拉伸条件下的屈服应力 σ_{xx}、σ_{yy} 建立方程组，通过求解可得到模型参数 H、G、F。需要指出，双向拉伸时不含剪应力分量，因此仅通过式(4-3)无法确定剪应力相关的模型参数 N，也就是说仅通过双向拉伸试验无法确定本构模型的所有参数，需要进一步与包含剪应力的试验数据结合才能确定本构模型的所有参数。

在实践中，通常将若干式(4-2)表示的方程和若干式(4-3)表示的方程联合组成方程组进行求解，即同时采用单向拉伸试验数据和双向拉伸(常用等双拉)试验数据。例如，当选择典型的试验数据 σ_0、σ_{45}、σ_{90}、σ_b 时，模型参数 H、G、F、N 可表示为

$$\begin{cases} H = \dfrac{1}{2}\left(1 + \dfrac{\sigma_0^2}{\sigma_{90}^2} - \dfrac{\sigma_0^2}{\sigma_b^2}\right) \\[6pt] G = \dfrac{1}{2}\left(1 - \dfrac{\sigma_0^2}{\sigma_{90}^2} + \dfrac{\sigma_0^2}{\sigma_b^2}\right) \\[6pt] F = -\dfrac{1}{2}\left(1 - \dfrac{\sigma_0^2}{\sigma_{90}^2} - \dfrac{\sigma_0^2}{\sigma_b^2}\right) \\[6pt] N = \dfrac{1}{2}\left(4\dfrac{\sigma_0^2}{\sigma_{45}^2} - \dfrac{\sigma_0^2}{\sigma_b^2}\right) \end{cases} \quad (4\text{-}4)$$

2. Barlat'89 模型

对于 Barlat'89 模型，应用单向拉伸屈服应力 σ_φ 确定模型参数时，将式(4-1)应力分量代入式(2-45)可得

$$\sigma_\varphi = \frac{\sigma_i}{\left[\dfrac{a}{2}(F_1+F_2)^M + \dfrac{a}{2}(F_1-F_2)^M + \left(1-\dfrac{a}{2}\right)(2F_2)^M\right]^{\frac{1}{M}}} \tag{4-5}$$

式中，

$$\begin{cases} F_1 = \dfrac{h\sin^2\varphi + \cos^2\varphi}{2} \\ F_2 = \left[\left(\dfrac{h\sin^2\varphi - \cos^2\varphi}{2}\right)^2 + p^2\sin^2\varphi\cos^2\varphi\right]^{1/2} \end{cases} \tag{4-6}$$

取多个 φ 方向上的单向拉伸屈服应力 σ_φ，可建立由多个式(4-5)所示方程构成的方程组，通过解方程组可得模型参数 a、c、h、p。

应用双向拉伸屈服应力 σ_{xx}、σ_{yy} 确定 Barlat'89 模型参数时，有

$$a\left|\dfrac{\sigma_{xx}+h\sigma_{yy}}{2} + \left|\dfrac{\sigma_{xx}-h\sigma_{yy}}{2}\right|\right|^M + a\left|\dfrac{\sigma_{xx}+h\sigma_{yy}}{2} - \left|\dfrac{\sigma_{xx}-h\sigma_{yy}}{2}\right|\right|^M + c\left|\sigma_{xx}-h\sigma_{yy}\right|^M = 2\sigma_i^M \tag{4-7}$$

选取多个双向拉伸条件下的屈服应力 σ_{xx}、σ_{yy} 建立方程组，通过求解得到模型参数 a、c、h。同样，由于双向拉伸时不含剪应力分量，仅通过式(4-7)无法确定剪应力相关的模型参数 p，需要进一步与包含剪应力的试验数据结合才能确定本构模型的所有参数。

类似地，可将多个式(4-5)所表示的方程和多个式(4-7)所表示的方程联合进行求解，即同时采用单向拉伸试验数据和双向拉伸试验数据。例如，可选择几个典型试验数据 σ_0、σ_{45}、σ_{90}、σ_b 确定模型参数。模型参数 a、c、h 可由式(4-8)直接解析得到，而参数 p 无法显式表达，须通过式(4-8)进行数值迭代求解。

$$a\left|\dfrac{1+h}{2} + \sqrt{\left(\dfrac{1-h}{2}\right)^2 + p^2}\right|^M + a\left|\dfrac{1+h}{2} - \sqrt{\left(\dfrac{1-h}{2}\right)^2 + p^2}\right|^M \\ + c\left|2\sqrt{\left(\dfrac{1-h}{2}\right)^2 + p^2}\right|^M = 2\left(\dfrac{2\sigma_0}{\sigma_{45}}\right)^M \tag{4-8}$$

$$\begin{cases} a = 2 - c = \dfrac{2\left(\dfrac{\sigma_0}{\sigma_b}\right)^M - 2\left(1 - \dfrac{\sigma_0}{\sigma_{90}}\right)^M}{1 + \left(\dfrac{\sigma_0}{\sigma_{90}}\right)^M - \left(1 - \dfrac{\sigma_0}{\sigma_{90}}\right)^M} \\ h = \dfrac{\sigma_0}{\sigma_{90}} \end{cases} \quad (4\text{-}9)$$

3. Yld2000-2d 模型

Yld2000-2d 模型的表达式比较复杂，难以直接给出求解模型参数的解析表达式，因此下面仅介绍求解模型参数的基本思路。应用单向拉伸屈服应力 σ_φ 确定模型参数时，将式(4-1)应力分量代入式(2-58)可得

$$f\left(\sigma_\varphi \cos^2\varphi, \sigma_\varphi \sin^2\varphi, \sigma_\varphi \sin\varphi\cos\varphi, a_1, a_2, \cdots, a_8\right) - 2\sigma_i^M = 0 \quad (4\text{-}10)$$

在式(4-10)中取不同 φ 方向上的单向拉伸屈服应力 σ_φ，建立由多个方程构成的方程组，通过计算即可得到模型参数 $a_1 \sim a_8$。

当应用双向拉伸屈服应力 σ_{xx}、σ_{yy} 确定模型参数时，有

$$f\left(\sigma_{xx}, \sigma_{yy}, a_1, a_2, \cdots, a_6\right) - 2\sigma_i^M = 0 \quad (4\text{-}11)$$

选取多个双向拉伸试验的屈服应力 σ_{xx}、σ_{yy} 建立方程组，通过解方程组得到模型参数 $a_1 \sim a_6$。因双向拉伸时不含剪应力分量，故通过式(4-11)无法确定剪应力相关的模型参数 a_7 和 a_8。为此，通常将多个式(4-10)和多个式(4-11)所示的共八个方程组成方程组进行求解，即同时采用单向拉伸试验数据和双向拉伸试验数据。

4.1.2 采用应变数据的模型参数确定方法

应变数据一般是指不同加载条件或应力状态下两个主方向的塑性应变比或塑性应变增量比。对于金属薄板，易于获得的应变数据有任意方向单向拉伸时的厚向异性系数 r 值(如 r_0、r_{15}、r_{30}、r_{45}、r_{60}、r_{75}、r_{90})和双向拉伸应变比 $\beta = \varepsilon_{yy}/\varepsilon_{xx}$。

任意 φ 方向的厚向异性系数 r_φ 见式(2-15)，即

$$r_\varphi = \dfrac{\dfrac{\partial f}{\partial \sigma_{11}}\cos^2\varphi + \dfrac{\partial f}{\partial \sigma_{22}}\sin^2\varphi + \dfrac{\partial f}{\partial \sigma_{12}}\sin\varphi\cos\varphi}{\dfrac{\partial f}{\partial \sigma_{11}} + \dfrac{\partial f}{\partial \sigma_{22}}} - 1$$

下面结合典型各向异性屈服准则，说明如何利用基于板状试样拉伸试验所得应变数据确定模型参数。

1. Hill'48 模型

对于 Hill'48 模型，任意 φ 方向的厚向异性系数 r_φ 见式(2-36)。为叙述方便，此处再次写出：

$$r_\varphi = \frac{G\cos^4\varphi + F\sin^4\varphi + H\cos^2 2\varphi + \frac{1}{2}N\sin^2 2\varphi}{G\cos^2\varphi + F\sin^2\varphi} - 1$$

取不同 φ 方向的厚向异性系数 r_φ，可建立多个式(2-36)所示方程组成的方程组，通过计算可得模型参数 H、G、F、N。需要指出，求解模型参数时至少需要一个应力数据而不能全部采用应变数据，以避免出现无数组解的情况。当选择典型试验数据 σ_0、r_0、r_{45}、r_{90} 时，模型参数 H、G、F、N 可直接表示为

$$\begin{cases} H = \dfrac{r_0}{1+r_0} \\ G = \dfrac{1}{1+r_0} \\ F = \dfrac{r_0}{r_{90}(1+r_0)} \\ N = \dfrac{r_0\sqrt{\left(\dfrac{1}{r_0}+\dfrac{1}{r_{90}}\right)^2(1+2r_{45})^2 - \left(\dfrac{1}{r_0}-\dfrac{1}{r_{90}}\right)^2}}{2(1+r_0)} \end{cases} \quad (4\text{-}12)$$

当应用双向拉伸应变比 β 确定模型参数时，先计算其理论值：

$$\beta = \frac{\mathrm{d}\varepsilon_{yy}}{\mathrm{d}\varepsilon_{xx}} = \frac{(F+H)\sigma_{yy} - H\sigma_{xx}}{(G+H)\sigma_{xx} - H\sigma_{yy}} \quad (4\text{-}13)$$

选取多个双向拉伸条件下的应变比 β，由式(4-13)建立方程组，可求解得到模型参数 H、G、F。由于双向拉伸时不含剪应变分量，通过式(4-13)无法确定剪应力相关的模型参数 N。实践中一般将若干式(2-36)和若干式(4-13)表示的方程联合组成方程组进行求解，即同时采用单向拉伸试验数据和双向拉伸试验数据。

2. Barlat'89 模型

对于 Barlat'89 模型,任意 φ 方向的厚向异性系数 r_φ 见式(2-46)~式(2-48),即

$$r_\varphi = \frac{\left[\dfrac{a}{2}(F_1+F_2)^M + \dfrac{a}{2}(F_1-F_2)^M + \left(1-\dfrac{a}{2}\right)(2F_2)^M\right]^{\frac{1}{M}}}{a(k_1+k_2)^{M-1}(t_1-t_2) + a(k_1-k_2)^{M-1}(t_1+t_2) + 2(a-2)(2k_2)^{M-1}t_2} - 1$$

式中

$$\begin{cases} t_1 = \dfrac{h+1}{4\sigma_i^{M-1}} \\ t_2 = \dfrac{(h-1)(\cos^2\varphi - h\sin^2\varphi)}{8F_2\sigma_i^{M-1}} \end{cases}$$

取不同 φ 方向的 r_φ 值,可建立由多个式(2-47)所示方程组成的方程组,通过计算可得模型参数 a、c、h、p。例如,选择典型试验数据 σ_0、r_0、r_{45}、r_{90},则模型参数 a、c、h 可由式(4-14)直接解析得到,参数 p 可由式(4-15)通过数值迭代求解。

$$\begin{cases} a = 2-c = 2-2\sqrt{\dfrac{r_0}{1+r_0} \cdot \dfrac{r_{90}}{1+r_{90}}} \\ h = \sqrt{\dfrac{r_0}{1+r_0} \cdot \dfrac{1+r_{90}}{r_{90}}} \end{cases} \tag{4-14}$$

$$r_{45} + 1 = \frac{a|L_1+L_2|^M + a|L_1-L_2|^M + c|2L_2|^M}{\dfrac{1+h}{2}\left(a|L_1+L_2|^{M-1} + a|L_1-L_2|^{M-1}\right)} \tag{4-15}$$

式中,$L_1 = \dfrac{1+h}{4}$;$L_2 = \sqrt{\left(\dfrac{1-h}{4}\right)^2 + \dfrac{1}{4}p^2}$。

当应用双向拉伸应变比 β 确定模型参数时,先计算其理论值:

$$\beta = \frac{d\varepsilon_{yy}}{d\varepsilon_{xx}} = \frac{h\sqrt{\left(\dfrac{\sigma_{xx}-h\sigma_{yy}}{2}\right)^2}\,t_1 - h\dfrac{\sigma_{xx}-h\sigma_{yy}}{2}t_2}{\sqrt{\left(\dfrac{\sigma_{xx}-h\sigma_{yy}}{2}\right)^2}\,t_1 + \dfrac{\sigma_{xx}-h\sigma_{yy}}{2}t_2} \tag{4-16}$$

式中，t_1、t_2 可表示为

$$\begin{cases} t_1 = a(k_1+k_2)^{M-1} + a(k_1-k_2)^{M-1} \\ t_2 = a(k_1+k_2)^{M-1} + a(k_1-k_2)^{M-1} + 2c(2k_2)^{M-1} \end{cases} \quad (4\text{-}17)$$

其中，k_1、k_2 见式(2-42)。

选取多个双向拉伸条件下的试验应变比 β，由式(4-16)建立方程组，可求解得到模型参数 a、c、h。同样，由于双向拉伸时不含剪应变分量，通过式(4-16)无法确定剪应力相关的模型参数 p。为同时确定所有模型参数，一种方案是采用足够多的单向拉伸试验数据，另一种方案是将多个式(2-47)和多个式(4-16)所示的方程联合组成方程组进行求解，即同时采用单向拉伸试验数据和双向拉伸试验数据。

3. Yld2000-2d 模型

对于 Yld2000-2d 模型，将式(2-49)代入式(2-15)可得任意 φ 方向厚向异性系数 r_φ 的计算公式。由于模型的表达式比较复杂，难以直接给出 r_φ 的解析表达式。r_φ 及模型参数 $a_1 \sim a_8$ 的关系式可表示为

$$r_\varphi = \phi(\varphi, a_1, a_2, \cdots, a_8) \quad (4\text{-}18)$$

取不同 φ 方向的 r_φ 值，建立由多个式(4-18)所示仅含有模型参数的方程组成的方程组，通过计算可得模型参数 $a_1 \sim a_8$。

当应用双向拉伸应变比 β 确定模型参数时，先计算其理论值。应变比 β 可写成应力比 α 和模型参数的关系式。由于模型表达式复杂，仅给出抽象函数表达式：

$$\beta = \frac{\mathrm{d}\varepsilon_{yy}}{\mathrm{d}\varepsilon_{xx}} = \phi(a_1, a_2, \cdots, a_6, \alpha) \quad (4\text{-}19)$$

选取多个双向拉伸条件下的应变比试验结果，由式(4-19)建立方程组并附加一个应力条件，即可求得模型参数 $a_1 \sim a_6$。双向拉伸应力状态不含剪应变分量，因此这一关系式中也不含剪应力相关的模型参数 a_7 和 a_8。如果将多个式(4-18)和多个式(4-19)所示的方程联合组成方程组进行求解，即同时采用单向拉伸试验数据和双向拉伸试验数据，则可获得所有的模型参数，即 $a_1 \sim a_8$。

4.1.3 基于板状试样确定模型参数的缺点

如前所述,对于板坯容易获得板面内任意方向的单向拉伸试验数据,通过圆形模具胀形可获得等双拉试验数据,采用十字试样拉伸可获得不同的双向拉伸试验数据。但是,采用这些试验方法和数据时,存在如下局限性:

(1)十字试样拉伸试验,虽可控制双向拉伸时的主应力比,但是随着变形的进行板状试样将发生严重变形,在试验后期难以获得稳定可靠的试验数据。

(2)板状试样难以在压应力作用下发生稳定变形,因此只能获得双向拉应力状态的试验数据,无法获得"拉-压"或"压-压"应力状态的试验数据。

上述问题的存在,导致在建立薄壁板材本构模型时无法引入包含"压应力"状态的试验数据,这就限制了各向异性金属薄板本构模型的开发。

4.2 基于管状试样的本构模型参数确定

对于金属薄壁管,由于其环向封闭的几何特征,无法像薄壁板坯那样采用板状试样直接获得任意方向的单向拉伸试验数据。此时,需要采用管状试样,通过双轴可控加载试验(详细介绍见 4.5 节)获得双向应力状态下的应力、应变分量数据。考虑到管状试样双轴加载试验无法获得剪切试验数据,还需要采用特殊的管状试样剪切试验(详细介绍见 4.6 节)。

需要特别指出,采用管状试样进行双轴可控加载试验,可以在管状试样的轴向实现拉伸和压缩两种加载方式,管状试样可以在"拉-拉"和"拉-压"应力状态发生稳定变形,这就解决了上述采用板状试样试验存在的局限性。

考虑到模型中正应力相关参数和剪应力相关参数的确定需要采用不同的试验方法和数据,下面将分别进行介绍。

4.2.1 正应力相关参数的确定

与正应力相关的参数需要采用包含正应力或正应变的试验数据来确定,如任意应力比双轴加载时的正应力、正应变数据,或者单向拉伸试验获得的 σ_φ 和 r_φ 值。

1. Hill'48 模型

对于 Hill'48 模型,正应力相关参数可采用应力数据确定。一种方案是采用任意双轴加载试验的应力数据确定。取三组不同双轴加载条件下获得的屈服应力数据 $(\sigma_{zi}, \sigma_{\theta i})(i=1,2,3)$,分别代入 Hill'48 模型,则有

$$\begin{cases}(G+H)\sigma_{z1}^2-2H\sigma_{z1}\sigma_{\theta 1}+(H+F)\sigma_{\theta 1}^2=1\\(G+H)\sigma_{z2}^2-2H\sigma_{z2}\sigma_{\theta 2}+(H+F)\sigma_{\theta 2}^2=1\\(G+H)\sigma_{z3}^2-2H\sigma_{z3}\sigma_{\theta 3}+(H+F)\sigma_{\theta 3}^2=1\end{cases} \quad (4\text{-}20)$$

通过解方程组可以得到参数 H、G、F。

另一种方案是采用两个单向拉伸应力数据和一个双轴加载试验如等双拉试验应力数据，通过式(4-21)确定：

$$\begin{cases}H=\dfrac{1}{2}\left(\dfrac{1}{\sigma_{z0}^2}+\dfrac{1}{\sigma_{\theta 0}^2}-\dfrac{1}{\sigma_b^2}\right)\\G=\dfrac{1}{2}\left(\dfrac{1}{\sigma_{z0}^2}-\dfrac{1}{\sigma_{\theta 0}^2}+\dfrac{1}{\sigma_b^2}\right)\\F=-\dfrac{1}{2}\left(\dfrac{1}{\sigma_{z0}^2}-\dfrac{1}{\sigma_{\theta 0}^2}-\dfrac{1}{\sigma_b^2}\right)\end{cases} \quad (4\text{-}21)$$

式中，σ_{z0} 和 $\sigma_{\theta 0}$ 分别为管坯轴向和环向单向拉伸屈服应力。

需要指出，后一种方案中的单向拉伸试验和等双拉试验，本质上都是特殊的双轴加载试验。当试验条件允许时，应尽可能采用更一般的双轴加载试验数据来确定模型参数。

模型中正应力相关参数，也可以采用任意双轴加载试验的应变数据来确定。取两个不同应力比 $\alpha_i=\sigma_{\theta i}/\sigma_{zi}$ 条件下获得的应变比 $\beta_i=\varepsilon_{\theta i}/\varepsilon_{zi}$ (i=1,2)代入 Hill'48 模型，则有

$$\begin{cases}G+H=1/\sigma_{z0}^2\\\beta_1=\dfrac{(H+F)\alpha_1-H}{(G+H)-H\alpha_1}\\\beta_2=\dfrac{(H+F)\alpha_2-H}{(G+H)-H\alpha_2}\end{cases} \quad (4\text{-}22)$$

通过解方程组(4-22)即可得到参数 H、G、F。

当采用薄壁管轴向和环向的单向拉伸试验数据时，可得到

$$\begin{cases}H=\dfrac{r_z}{1+r_z}\\G=\dfrac{1}{1+r_z}\\F=\dfrac{r_z}{r_\theta(1+r_z)}\end{cases} \quad (4\text{-}23)$$

式中，r_z 和 r_θ 分别为管坯轴向和环向的厚向异性系数。

式(4-23)中只含有两个应变试验数据：r_z 和 r_θ，需要结合一个应力条件，即轴向单向拉伸屈服应力使得 $G+H=1$，才可确定式(4-23)中三个独立的模型参数。实际上，无论采用何种类型的试验数据和何种方式确定本构模型参数，都至少需使用一个应力数据。这是因为若全部采用应变数据，所建立的方程组将为齐次线性方程组 $AX=0$（A 表示模型参数矩阵，X 表示应力分量矩阵）形式，存在无穷多个解。

2. Barlat'89 模型

对于 Barlat'89 模型，正应力相关参数 a、c、h 可采用三个不同的双轴加载试验获得的屈服应力数据（$\sigma_{zi},\sigma_{\theta i}$）($i$=1,2,3)确定，将三组数据代入 Barlat'89 模型，则有

$$\begin{cases} a\left|\dfrac{\sigma_{z1}+h\sigma_{\theta 1}}{2}+\dfrac{\sigma_{z1}-h\sigma_{\theta 1}}{2}\right|^M + a\left|\dfrac{\sigma_{z1}+h\sigma_{\theta 1}}{2}-\dfrac{\sigma_{z1}-h\sigma_{\theta 1}}{2}\right|^M + c\left|\sigma_{z1}-h\sigma_{\theta 1}\right|^M = 2\sigma_i^M \\ a\left|\dfrac{\sigma_{z2}+h\sigma_{\theta 2}}{2}+\dfrac{\sigma_{z2}-h\sigma_{\theta 2}}{2}\right|^M + a\left|\dfrac{\sigma_{z2}+h\sigma_{\theta 2}}{2}-\dfrac{\sigma_{z2}-h\sigma_{\theta 2}}{2}\right|^M + c\left|\sigma_{z2}-h\sigma_{\theta 2}\right|^M = 2\sigma_i^M \\ a\left|\dfrac{\sigma_{z3}+h\sigma_{\theta 3}}{2}+\dfrac{\sigma_{z3}-h\sigma_{\theta 3}}{2}\right|^M + a\left|\dfrac{\sigma_{z3}+h\sigma_{\theta 3}}{2}-\dfrac{\sigma_{z3}-h\sigma_{\theta 3}}{2}\right|^M + c\left|\sigma_{z3}-h\sigma_{\theta 3}\right|^M = 2\sigma_i^M \end{cases}$$

(4-24)

通过解方程组即可得到模型中的参数 a、c、h。

a、c、h 也可以采用单向拉伸应力数据及双轴加载如等双拉应力数据通过式(4-25)确定：

$$\begin{cases} a = 2 - c = \dfrac{2\left(\dfrac{\sigma_z}{\sigma_b}\right)^M - 2\left(1-\dfrac{\sigma_z}{\sigma_\theta}\right)^M}{1+\left(\dfrac{\sigma_z}{\sigma_\theta}\right)^M - \left(1-\dfrac{\sigma_z}{\sigma_\theta}\right)^M} \\ h = \dfrac{\sigma_z}{\sigma_\theta} \end{cases}$$

(4-25)

同样，也可采用任意双轴加载试验的应变数据确定 Barlat'89 模型参数。应力比 $\alpha=\sigma_\theta/\sigma_z$ 条件下的应变增量比 β 表示为

$$\beta = \dfrac{\mathrm{d}\varepsilon_\theta}{\mathrm{d}\varepsilon_z} = \dfrac{\partial f(\sigma_{ij},a,h)/\partial \sigma_\theta}{\partial f(\sigma_{ij},a,h)/\partial \sigma_z}$$

(4-26)

则 β 可表示为模型参数和应力比 α 的函数：

$$\beta = \phi(a,h,\alpha) \tag{4-27}$$

取两组不同应力比 α_i 条件下获得的应变比 β_i (i=1, 2)代入式(4-27)，则有

$$\begin{cases} a = 2 - c \\ \beta_1 = f(a,c,h,\alpha_1) \\ \beta_2 = f(a,c,h,\alpha_2) \end{cases} \tag{4-28}$$

通过解方程组可得到 Barlat'89 模型中的参数 a、c、h。

当采用轴向和环向的厚向异性系数即 r_z、r_θ 时，可直接得到

$$\begin{cases} a = 2 - c = 2 - 2\sqrt{\dfrac{r_z}{1+r_z} \cdot \dfrac{r_\theta}{1+r_\theta}} \\ h = \sqrt{\dfrac{r_z}{1+r_z} \cdot \dfrac{1+r_\theta}{r_\theta}} \end{cases} \tag{4-29}$$

3. Yld2000-2d 模型

Yld2000-2d 模型的表达式比较复杂，难以直接给出用于参数求解的方程，因此下面仅给出求解模型参数的总体思路。Yld2000-2d 模型中 $a_1 \sim a_6$ 是与正应力相关的参数。采用应力数据求解时，可将应力数据代入式(2-58)中得到：

$$f(\sigma_z, \sigma_\theta, a_1, a_2, \cdots, a_6) - 2\sigma_i^M = 0 \tag{4-30}$$

式中，σ_z 和 σ_θ 分别为管状试样双轴加载时轴向和环向的应力分量。

取六组不同双轴（可包含单轴）条件下获得的屈服应力数据 ($\sigma_{zi}, \sigma_{\theta i}$) ($i$=1,2,3,4,5,6) 代入式(4-30)可构建出方程组，解方程组即可得到 Yld2000-2d 模型中的参数 $a_1 \sim a_6$。

当采用应变数据即应变增量比 β 确定模型参数时，先给出任意应力比条件下应变增量比 β 的表达式：

$$\beta = \frac{\partial f / \partial \sigma_\theta}{\partial f / \partial \sigma_z} = \phi(a_1, a_2, \cdots, a_6, \alpha) \tag{4-31}$$

例如，可取五个不同应力比 α_i 条件下获得的应变增量比 β_i (i=1,2,3,4,5) 代入式(4-31)，并从式(4-30)中选取一个由应力数据确定的方程，共同组成方程组。解方程组即可得到 Yld2000-2d 模型中的参数 $a_1 \sim a_6$。

对于其他表达式更为复杂的本构模型,其参数的求解均可参照 Yld2000-2d 模型的处理方法,此处不再赘述。

4.2.2 剪应力相关参数的确定

本构模型中与剪应力相关的参数,需要采用包含剪应力或剪应变的试验数据来确定,如除轴向和环向外任意方向的单拉屈服应力 σ_φ 和 r_φ 值(如 σ_{15}、σ_{30}、σ_{45}、σ_{60}、σ_{75}、r_{15}、r_{30}、r_{45}、r_{60}、r_{75})、纯剪切屈服应力、任意拉伸-剪切应力状态下的应力数据和应变数据。对于薄壁管状试样,虽然可通过拉伸-扭转试验实现任意拉伸-剪切应力状态,但由于薄壁管状试样在拉-扭载荷下易出现扭溃而难以得到充足的试验数据,因此暂不介绍该方法。

为简化,下面只介绍采用纯剪切屈服应力确定剪应力相关参数的方法。

根据式(2-19),推导出 Hill'48 中参数 N 可由剪切屈服应力 τ 通过式(4-32)确定:

$$N = \frac{1}{2\tau^2} \tag{4-32}$$

根据式(2-43)可知,Barlat'89 中参数 p 可由剪切屈服应力 τ 通过式(4-33)确定:

$$p = \left(\frac{2}{2a + 2^M c}\right)^{1/M} \frac{\sigma_i}{\tau} \tag{4-33}$$

Yld2000-2d 模型中含有两个与剪应力相关的参数 a_7 和 a_8,纯剪切试验可提供一个试验数据。若取 $a_7 = a_8$,则可推导出 a_7 和 a_8 为

$$a_7 = a_8 = \left(\frac{2}{2^M + 2}\right)^{1/M} \frac{\sigma_i}{\tau} \tag{4-34}$$

4.3 试验数据的选择组合及参数求解

4.3.1 试验数据的选择与组合

在选择合适的本构模型后,理论上讲无论采用何种类型及何种应力/应变状态下的试验数据,所确定的模型都应能准确描述任意应力状态下的塑性变形行为。但实际上,不可能存在一种唯象本构模型满足上述条件。针对具体问题,需选择充分合理的试验数据并采用相应求解方法,以建立准确可靠的本构模型。

如前所述,确定模型参数时既可以采用应力数据也可以采用应变数据。但是,采用不同试验数据求解时所得的模型参数可能不一致。在实际应用时,具体应当

采用什么试验数据、采用何种求解方法，目前没有统一标准。一般来说，对于主要关注应力大小及分布的问题，应尽量采用应力数据确定模型参数；对于以应变、壁厚等变形为主的问题，则应尽量采用应变数据确定模型参数。实践中更多的是将不同类型数据混合使用，特别是对于参数较多的本构模型。以 Yld2000-2d 模型为例，可以从式(4-30)中选择几组由应力数据构建的方程，同时从式(4-31)中选择几组由应变数据构建的方程，共计六个方程组成式(4-35)所示的方程组，求解方程组即可得到模型参数 $a_1 \sim a_6$。应力数据或应变数据的具体数量，可根据所要分析的问题是侧重变形还是侧重应力来确定：

$$\begin{cases} f(\sigma_z, \sigma_\theta, a_1, a_2, \cdots, a_6) - 2\sigma_i^M = 0 \\ \qquad \vdots \\ \beta - \dfrac{\partial f/\partial \sigma_\theta}{\partial f/\partial \sigma_z} = 0 \\ \qquad \vdots \end{cases} \quad (4\text{-}35)$$

另外，应根据所要分析的变形过程涉及的应力状态，更多地选择与之相近的应力状态下的试验数据。例如，薄壁管流体压力成形时材料可能处于"拉-拉"或"拉-压"不同的双向应力状态，因而需选择同时包括"拉-拉"和"拉-压"应力状态的试验数据来建立本构模型。

4.3.2 模型参数的求解方法

前面介绍了如何利用不同试验数据构建确定模型参数的方程组，而获得具体的模型参数还需要进一步求解方程组。求解模型参数的方法主要分为两类：解析法和数值法。解析法适用于二次型本构模型，如 Hill'48 模型，或一些结构简单的非二次型本构模型，如 Barlat'89 模型和 Hu2005 模型。利用解析法，可给出模型参数与试验参数之间的显式关系式。对于一些结构复杂的本构模型，如六次多项式模型，虽然也可得到参数的解析表达式，但表达式比较复杂，不便于使用。因此，对于表达式复杂的本构模型，目前更多的是采用数值法求解模型参数，如常用的迭代法和误差函数最小化法。

迭代法是根据试验条件构建出与模型参数数量相同的方程组，如 4.1 节和 4.2 节中给出的方程组，选择合适的迭代算法逐步迭代计算，达到误差精度要求时即得到模型参数的数值解，常用的如 Newton-Raphson 迭代法。迭代算法在根附近时收敛速度快，但其收敛性受所赋初值影响较大。误差函数最小化法是根据试验数据构建出对应的理论预测值的表达式，然后根据理论值与试验值之差构建出误差函数，如式(4-36)所示：

$$\text{Err} = \left(\frac{r_0^{\text{cal}}}{r_0^{\text{exp}}} - 1\right)^2 + \left(\frac{r_{45}^{\text{cal}}}{r_{45}^{\text{exp}}} - 1\right)^2 + \left(\frac{r_{90}^{\text{cal}}}{r_{90}^{\text{exp}}} - 1\right)^2 + \left(\frac{r_b^{\text{cal}}}{r_b^{\text{exp}}} - 1\right)^2$$
$$+ \left(\frac{\sigma_0^{\text{cal}}}{\sigma_0^{\text{exp}}} - 1\right)^2 + \left(\frac{\sigma_{45}^{\text{cal}}}{\sigma_{45}^{\text{exp}}} - 1\right)^2 + \left(\frac{\sigma_{90}^{\text{cal}}}{\sigma_{90}^{\text{exp}}} - 1\right)^2 + \left(\frac{\sigma_b^{\text{cal}}}{\sigma_b^{\text{exp}}} - 1\right)^2 \quad (4\text{-}36)$$

式中，各参数上标"exp"和"cal"分别表示试验数据和对应的理论预测值。式中各项前还可以添加不同的权重系数，以根据实际情况增加或减小不同类型或不同应力状态的试验数据。理论预测值中含有模型参数，通过算法求得使误差函数最小时的模型参数值，如式(4-37)所示：

$$(a,b,c,d,e,f,g,h,p,q) = \min(\text{Err}) \quad (4\text{-}37)$$

以 Hill'48 模型为例进行说明，模型中应力相关参数的理论值表达式为

$$\begin{cases} \sigma_0^{\text{cal}} = \dfrac{\sigma_i}{\sqrt{G+H}} \\ \sigma_{90}^{\text{cal}} = \dfrac{\sigma_i}{\sqrt{G+H}\sqrt{H+F}} \\ \sigma_b^{\text{cal}} = \dfrac{\sigma_i}{\sqrt{G+H}\sqrt{G+F}} \\ \tau^{\text{cal}} = \dfrac{\sigma_e}{\sqrt{2N}} \end{cases} \quad (4\text{-}38)$$

模型中应变相关参数的理论值表达式为

$$\begin{cases} r_0^{\text{cal}} = \dfrac{H}{G} \\ r_{90}^{\text{cal}} = \dfrac{H}{F} \end{cases} \quad (4\text{-}39)$$

将用于确定模型参数的试验数据和对应的理论值代入式(4-36)中，通过式(4-37)即可求得误差函数最小时的模型参数 H、G、F、N。

4.4 薄壁管单轴力学性能参数测定

4.4.1 轴向拉伸试验

管材环向是封闭结构，因此无法像板材那样直接进行不同方向的单向拉伸试验。根据标准 ASTM: E8，管材轴向力学性能可通过沿管坯轴向切取剖条试样进行单向拉伸试验获得，如图 4-1 所示。试验时将试样的夹持段展平以便装卡在试验机上，但是试样中间测试部分不能展平，以防止产生附加变形而影响测试结果。

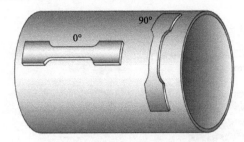

图 4-1 薄壁管轴向剖条试样

对于直径小于 25mm 的薄壁管，不便采用轴向剖条试样。根据 ASTM: E8 标准，此时需要对整个管坯进行拉伸以获得其力学性能，具体细节请参见 ASTM: E8 标准。

根据 ASTM: E8 标准，通过剖条试样单向拉伸试验测得外径 60mm、壁厚 1.8mm 的 AA6061-O 铝合金挤压管的轴向单轴力学性能，如图 4-2 所示。

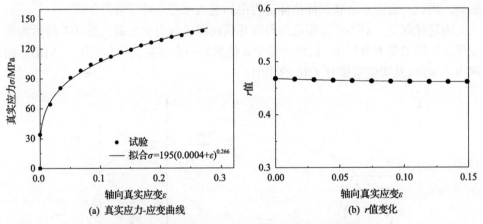

(a) 真实应力-应变曲线　　(b) r 值变化

图 4-2　AA6061-O 铝合金挤压管轴向力学性能

4.4.2　环向拉伸试验

对于以环向伸长为主的变形过程，如内高压成形，对管坯的环向变形性能有较高要求。管坯也同样具有面内各向异性特性，因此需要测试管坯的环向单轴力学性能。虽然也可沿管坯环向切取试样，展平后进行单向拉伸以测试管坯的环向力学性能，但是展平过程中管坯将发生加工硬化，甚至在展平过程中试样发生开裂，因此测得的强度和塑性指标均不准确。

为此，应采用环状试样直接进行拉伸，即薄壁管环向拉伸试验[30]。图 4-3 所示为环状试样拉伸示意图。在环状试样中放置两个 D 形块，通过拉动 D 形块做相对运动使试样发生拉伸变形。环状试样标距段尺寸可参照 ASTM: E8 标准中的单轴拉伸试样设计。

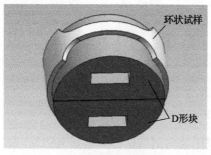
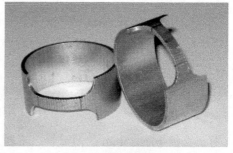

(a) 环向拉伸示意图　　　　　　　　(b) 环状拉伸试样

图 4-3　薄壁管环状试样拉伸试验[30]

薄壁管环状试样拉伸时，在卡具与试样间存在一定摩擦，试样所受切向力并不均匀，从而导致试样发生不均匀变形，这将对拉伸结果的测量和分析带来一定影响。因此，需要对环状试样拉伸过程中的受力和变形特征进行分析。

为简化起见，对不带标距段的等宽环状试样进行力学分析。图 4-4 所示为等宽环状试样的受力分析图。试样上位于 θ 位置的一点将受到径向正压力 $N(\theta)$、切向力 $F(\theta)$ 以及切向摩擦力 $f(\theta)$ 的作用。

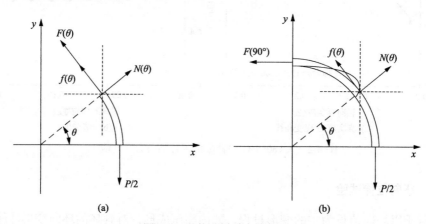

图 4-4　环状试样受力分析图

定义图 4-4 中 θ 为从右侧水平位置开始逆时针旋转对应的角度。以 $[0°, \theta]$ 段圆环为对象，其在 x 方向的力平衡方程为

$$\int_0^\theta N(\theta)\cos\theta \mathrm{d}\theta = F(\theta)\sin\theta + \int_0^\theta N(\theta)\sin\theta \mathrm{d}\theta \tag{4-40}$$

假设 $f(\theta) = \mu N(\theta)$，$\mu$ 为摩擦系数，则式 (4-40) 中切向力 $F(\theta)$ 只由各处的正压力 $N(\theta)$ 决定。通过分析可知，拉伸时试样各处所受的径向正压力并不相同，应

随着 θ 的变化而变化。为简单起见，假设在[0°, 90°]范围内 $N(\theta)$ 为线性分布，即

$$N(\theta) = k\theta + N_0 \qquad (4\text{-}41)$$

式中，k 为 $N(\theta)$ 随 θ 变化的斜率；N_0 为 $\theta = 0°$ 时的正压力。

1. 求 k 值

设 D 形块受到向上的拉力为 P，根据圆环在 y 方向的受力平衡，容易得到图 4-4(b)中圆环两侧受到向下的拉力为 $P/2$。在[0°, 90°]区间对 $f(\theta)$、$N(\theta)$ 进行积分，可得 y 方向平衡方程为

$$\int_0^{\frac{\pi}{2}} [f(\theta)\cos\theta + N(\theta)\sin\theta] d\theta = \frac{P}{2} \qquad (4\text{-}42)$$

由式(4-41)、式(4-42)及 $f(\theta) = \mu N(\theta)$，可得

$$\int_0^{\frac{\pi}{2}} [\mu N(\theta)\cos\theta + N(\theta)\sin\theta] d\theta = \frac{P}{2} \qquad (4\text{-}43)$$

对式(4-43)左侧积分可得

$$\mu k \left(\frac{\pi}{2} - 1\right) + \mu N_0 + k + N_0 = \frac{P}{2} \qquad (4\text{-}44)$$

即

$$k = \frac{P - 2(\mu + 1)N_0}{\mu(\pi - 2) + 2} \qquad (4\text{-}45)$$

将式(4-45)代入式(4-41)即得正压力计算公式：

$$N(\theta) = \frac{P - 2(\mu + 1)N_0}{\mu(\pi - 2) + 2} \theta + N_0 \qquad (4\text{-}46)$$

2. 求 N_0 值

由式(4-43)、式(4-46)及 $f(\theta) = \mu N(\theta)$，可得

$$F(\theta) = \frac{1}{\sin\theta} \left(k\int_0^{\theta} \theta\cos\theta d\theta + N_0 \int_0^{\theta} \cos\theta d\theta - \mu k \int_0^{\theta} \theta\sin\theta d\theta - \mu N_0 \int_0^{\theta} \sin\theta d\theta \right)$$

$$(4\text{-}47)$$

对式(4-47)右侧积分，可得切向力计算公式为

$$F(\theta) = \frac{P - 2(\mu+1)N_0}{\sin\theta[\mu(\pi-2)+2]}[(\theta\sin\theta + \cos\theta - 1) + \mu(\theta\cos\theta - \sin\theta)]$$
$$+ \frac{1}{\sin\theta}[N_0\sin\theta - \mu N_0(1-\cos\theta)] \tag{4-48}$$

由边界条件 $F(0) = \dfrac{P}{2}$，可得

$$\frac{2(\mu+1)N_0 - P}{\mu(\pi-2)+2} + N_0 - \mu N_0 = \frac{P}{2} \tag{4-49}$$

即

$$N_0 = \frac{\mu(\pi-2)+4}{2\mu(\pi-2)(1-\mu)+8} \cdot P \tag{4-50}$$

将式(4-50)代入式(4-46)，得到正压力计算公式：

$$N(\theta) = \frac{P - 2(\mu+1)N_0}{\mu(\pi-2)+2}\theta + N_0 = \frac{P}{\mu(\pi-2)+2}\theta + \left[1 - \frac{2(\mu+1)\theta}{\mu(\pi-2)+2}\right]N_0$$
$$= \frac{P}{\mu(\pi-2)+2}\theta + \left[1 - \frac{2(\mu+1)\theta}{\mu(\pi-2)+2}\right] \cdot \frac{\mu(\pi-2)+4}{2\mu(\pi-2)(1-\mu)+8} \cdot P \tag{4-51}$$

将式(4-50)代入式(4-48)得到切向力计算公式：

$$F(\theta) = \frac{P - 2(\mu+1)N_0}{\sin\theta[\mu(\pi-2)+2]}m + \frac{1}{\sin\theta}[N_0\sin\theta - \mu N_0(1-\cos\theta)] \tag{4-52}$$

式中，$m = (\theta\sin\theta + \cos\theta - 1) + \mu(\theta\cos\theta - \sin\theta)$。

由式(4-51)可得正压力的分布规律如图4-5所示。图中纵轴为单位拉力($P=1$)下的正压力$N(\theta)$。由图可见，对于给定摩擦系数，当$\mu=0$时，正压力$N(\theta)=0.5P$，即试样各处所受正压力相等，类似于受到内部液压的作用；当μ增大时，正压力$N(\theta)$随角度θ的增大而线性减小，并且μ越大$N(\theta)$下降越快。对于给定角度，当$\theta=0°$时，正压力$N(\theta)$随摩擦系数μ的增加略有上升，可上升至$N(\theta)=0.65P$；当$\theta>15°$时，正压力$N(\theta)$随摩擦系数μ的增大开始减小。

由上述分析可知，在摩擦系数较小时，正压力$N(\theta)$分布较均匀；当摩擦系数较大时，正压力$N(\theta)$的分布很不均匀，在两侧$\theta=0°$的位置接近$0.5P\sim0.6P$，而在$\theta=90°$的正上方几乎无正压力作用。

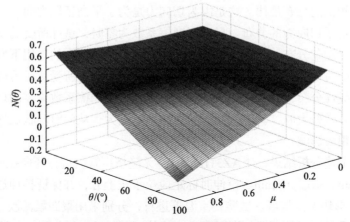

图 4-5 正压力分布与摩擦系数的关系

由式(4-52),可得切向力的分布规律如图 4-6 所示。图中纵轴为单位拉力($P=1$)下的切向力 $F(\theta)$。由图可见,对于给定摩擦系数,当 $\mu=0$ 时,切向力 $F(\theta)=0.5P$,即试样各处所受切向拉力相等;随着 μ 的增大,切向力 $F(\theta)$ 随角度 θ 的增加开始减小,并且 θ 越大下降趋势越明显。对于给定角度,在角度 $\theta=0°$ 处,随着 μ 的增加切向力 $F(\theta)$ 略有增大;当 $\theta>15°$ 时,切向力 $F(\theta)$ 随 μ 的增加开始减小并在 $\theta=90°$ 时达到约 $0.2P$。

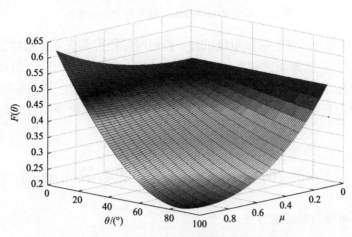

图 4-6 切向力分布与摩擦系数的关系

由上述分析可知,当摩擦系数较小时,切向力 $F(\theta)$ 的分布比较均匀,接近 $0.5P$;当摩擦系数较大时,切向力分布变得很不均匀,从水平位置 $\theta=0°$ 时接近 $0.6P$ 迅速减小到正上方 $\theta=90°$ 位置的 $0.2P$。

从图 4-5 和图 4-6 可以看出,基于正压力线性分布假设得出的正压力和切向力具有非常相似的分布规律。这是因为切向力是为了平衡正压力而产生的，正压力的分布决定了切向力的分布。只有当摩擦系数为零时，试样所受的正压力及切向力才表现为均匀分布。此时，试样等价于在内部液体压力的作用下发生胀形变形，环状试样拉伸等价于管材的胀形变形。如果考虑试样所受正压力的不均匀性并假设其为线性分布，关于切向力为0.5P的结论只在摩擦系数为零的理想状态成立，当摩擦系数较大时，其对切向力的分布影响很大，从而对环状试样变形的均匀性也将有很大影响。

为验证上述分析结果，对AZ31B镁合金无缝挤压管材进行环向拉伸试验。管坯外径44mm、壁厚1.8mm。拉伸时标距段位于正上方，并保证拉伸过程中标距段始终与D形块保持接触。试验在室温下进行，分别采用聚四氟薄膜、特氟龙、二硫化钼以及无润滑等不同的润滑方式。拉伸至断裂后试样如图4-7所示。

(a) 聚四氟薄膜　　(b) 特氟龙　　(c) 无润滑　　(d) 二硫化钼

图 4-7　带标距段试样不同润滑方式试验结果

由图4-7可知，对于带标距段试样，拉伸时标距段首先发生塑性变形。但由于拉伸时试样与D形块之间摩擦的存在，试样上发生颈缩而断裂的点都位于标距段内接近标距边缘的部位，这与前述理论分析结果吻合，即在标距段内试样所受的切向力是不均匀分布的，在标距段两侧接近标距边缘的位置切向力达到最大值。

4.5　薄壁管双轴力学性能参数测定

4.5.1　双轴可控加载试验方法

双轴可控加载试验方法以管状试样为基础，在管状试样端部施加轴向载荷T的同时在试样内部施加压力p，管状试样在两种载荷的共同作用下沿轴向和环向产生应力σ_z和σ_θ。轴向应力σ_z和环向应力σ_θ主要受端部载荷T和压力p影响，通过力的平衡方程建立应力σ_z、σ_θ与T、p以及管坯几何尺寸的定量关系，可通过实时调整载荷T和压力p对管坯应力状态进行控制，其试验原理如图4-8所示。

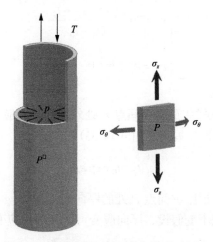

图 4-8 管状试样双轴可控加载试验原理

管状试样胀形区中间点 P 处的轴向应力 σ_z 和环向应力 σ_θ 计算公式为

$$\begin{cases} \sigma_z = \dfrac{T + p\pi(D/2 - t_P)^2}{\pi(D - t_P)t_P} \\[2ex] \sigma_\theta = \dfrac{(R_\theta^P - t_P)(R_z^P - t_P)}{\left(R_z^P - \dfrac{t_P}{2}\right)t_P} p - \dfrac{\left(R_\theta^P - \dfrac{t_P}{2}\right)}{\left(R_z^P - \dfrac{t_P}{2}\right)} \sigma_z \end{cases} \tag{4-53}$$

式中，σ_z 为轴向应力；σ_θ 为环向应力；R_z^P 为轴向曲率半径；R_θ^P 为环向曲率半径；D 为外径；t_P 为壁厚；p 为压力；T 为端部载荷。

管状试样变形时的应变、环向曲率半径 R_θ^P、轴向曲率半径 R_z^P 和壁厚 t_P 等参数可由数字图像相关法 (digital image correlation, DIC) 系统直接或间接测量。变形区中间点 A 处的环向曲率半径 R_θ^A 为管状试样初始半径加上 A 点处由 DIC 系统测定的径向位移 h。轴向曲率半径 R_z^P 的测量方法为：先通过 DIC 系统获得轴向轮廓，再利用二次多项式等函数拟合，进而求得 P 处的轴向曲率半径。

管状试样变形区应变通过 DIC 系统测量。利用 DIC 系统可直接获得被观测区全场任意位置的单点轴向和环向应变。需要指出，DIC 系统测量的是试样的表面应变，而衡量管状试样的变形程度应采用中性层的应变。因此，需要将表面应变转换为中性层应变。一般情况下，认为中性层位于壁厚的中间位置处，则中性层的环向应变 ε_θ 和轴向应变 ε_z 为

$$\begin{cases} \varepsilon_\theta = \ln\dfrac{D_0 \exp\varepsilon_\theta^s - t_P}{D_0 - t_0} \\ \varepsilon_z = \varepsilon_z^s + \ln\left(1 - \dfrac{t_P}{2R_z^P}\right) \end{cases} \quad (4\text{-}54)$$

式中，ε_θ^s、ε_z^s 为管状试样胀形区中间点 P 处外表面环向应变和轴向应变。

变形区中间点的实时壁厚可通过式(4-55)确定：

$$t_P = t_0 \exp\varepsilon_t \quad (4\text{-}55)$$

式中，ε_t 为管状试样胀形区中间点 P 处的厚向应变。

根据塑性变形体积不变假设，厚向应变可通过环向应变和轴向应变得到：

$$\varepsilon_t = -\varepsilon_\theta - \varepsilon_z \quad (4\text{-}56)$$

因此，变形区中间点的实时壁厚可表示为

$$t_P = t_0 \exp(-\varepsilon_\theta - \varepsilon_z) \quad (4\text{-}57)$$

在式(4-53)给出的管状试样轴向应力、环向应力与各参数的动态关系式中，环向曲率半径、轴向曲率半径和壁厚是变形结果，无法直接调整，而压力和端部轴向载荷是易于调整的量，可用于调控管状试样的应力状态。

将式(4-53)写成如下形式：

$$\begin{cases} \sigma_z = K_1 p + K_2 T \\ \sigma_\theta = K_3 p - K_4 T \end{cases} \quad (4\text{-}58)$$

式中，K_1、K_2、K_3、K_4 为正实数，$K_3 \approx 2K_1, K_3 \gg K_4$，$K_2 \approx \left(R_z^P / R_\theta^P\right)K_4$。一般 $R_z^P \gg R_\theta^P$。因此，管状试样轴向应力主要受控于端部载荷 T，环向应力主要受控于压力 p。需要增加(减小)轴向应力时可增加(减小)端部载荷 T；需要增加(减小)环向应力时可增加(减小)压力 p。

进行应力闭环控制时，根据式(4-53)实时计算管状试样轴向和环向应力 σ_z 和 σ_θ。将实时计算的应力值 σ_θ 和 σ_z 与当前的目标值 σ_θ^i 和 σ_z^i 比较，根据两者之间的差值输出相应的控制信号，以调节管状试样端部载荷 T 和压力 p 的大小，进而使实时应力值 σ_θ 和 σ_z 与当前设定值之间的差值均小于控制精度要求。随后，更换下一个目标值 σ_θ^{i+1} 和 σ_z^{i+1}。不断重复上述过程，最终实现管试样沿设定的应力路径进行加载。图 4-9 所示为管状试样轴向应力和环向应力闭环控制流程图[31]。

第 4 章 各向异性金属薄壳本构模型的参数确定

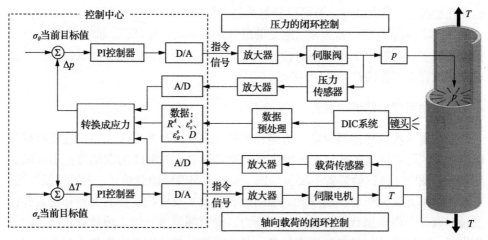

图 4-9 管状试样轴向应力和环向应力闭环控制流程图[31]

管状试样在拉-压应力状态即沿 $\sigma_z:\sigma_\theta<0:1$ 的应力路径加载时,试样端部需要施加轴向压缩载荷。薄壁管坯在载荷 T 和压力 p 的作用下极易在胀形区两端靠近卡具的位置处起皱失稳。端部皱纹一旦形成,会在轴向载荷的作用下迅速发展,使得管状试样轴向处于失稳状态。此时施加在试样端部卡具上的载荷 T 无法有效传递到试样中间变形区域,试样变形区中间点的应力路径将偏离设定路径,无法实现准确的可控加载。

为解决这一问题,可采用锥形环抑制管状试样端部皱纹发展[32]。图 4-10 所示为有锥形环时试样受力分析示意图。当皱纹与锥形环接触时,锥形环会产生一个

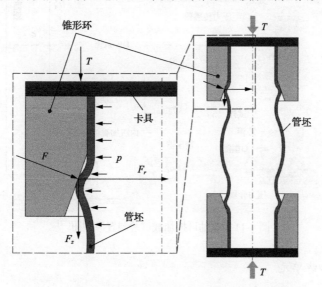

图 4-10 锥形环抑制薄壁管状试样端部皱纹的原理图[32]

施加在皱纹上的作用力 F。F 可以分解为径向作用力 F_r 和轴向作用力 F_z。径向分力 F_r 能够抑制皱纹进一步发展，避免薄壁管进入轴向失稳状态。轴向分力 F_z 可以将作用于卡具上的力 T 的一部分传递到中间变形区域以提供足够的轴向压力，实现管状试样在可控的拉-压应力状态下变形。

4.5.2 双轴可控加载试验装置

要实现管状试样按照设定应力路径可控加载，以及变形区应力、应变数据的精确测量，需要将上述试验方法物化到试验设备中。图 4-11 为双轴可控加载试验装置原理图[32]。该试验装置主要包含四个部分，即轴向加载单元、内压加载单元、变形测量单元、分析与控制单元。轴向加载单元实现管状试样的夹持和密封并提供轴向载荷。内压加载单元提供内部压力。变形测量单元用于测量管状试样的曲率半径、壁厚等几何信息和应变信息。分析与控制单元用于收集各传感器反馈的端部载荷、内压和变形测量单元反馈的信息，并对轴向加载单元和内压加载单元进行控制。

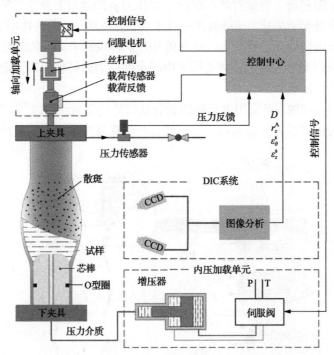

图 4-11 双轴可控加载试验装置原理图[32]

1. 轴向加载单元

轴向加载单元在电子万能试验机上建立，可以实现力和位移的精确加载。试验机横梁由伺服电机通过滚珠丝杠驱动。轴向加载单元的主要技术指标如表 4-1 所示。试验机的技术成熟度高,建立的轴向加载单元具有结构合理、稳定性好、测量精度高及响应速度快等优点。该轴向加载单元的加载速度可在较大范围内调节,因此可精确调节轴向应力大小而不会造成严重超调。这些特点是确保管状试样沿设定应力路径精确加载的必要条件。

表 4-1 轴向加载单元主要技术指标

指标	数值
极限载荷/kN	±200
载荷测量精度/%	优于 0.5
载荷分辨率/N	2
轴向位移速度/(mm/min)	0.001~500

轴向加载单元还包括管状试样的夹持密封部分。进行拉-拉加载试验,即 $\sigma_z:\sigma_\theta>0:1$ 时,既需要确保试样端部的密封性又需要在试样端部施加较大拉力。为满足这些要求同时兼顾试验操作的便捷性,采用图 4-12 所示的夹持密封方案。卡具采用分瓣式结构。与管状试样装配好的卡具与万能试验机相连。由于试验机空间限制及卡具结构强度要求,可测试试样最大外径为 70mm。

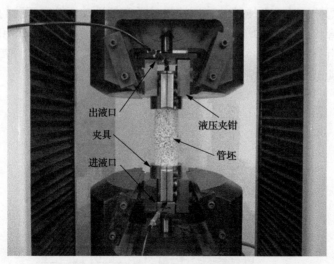

图 4-12 管状试样拉伸-胀形试验卡具

对于应力比 $\sigma_z:\sigma_\theta<0:1$ 的拉-压加载试验,试样端部始终不需要施加拉力,因此可以采用简单的夹具。图 4-13 为适用于拉-压加载试验的卡具。卡具采用分瓣式结构。胀形区两侧放置锥形环以抑制薄壁管状试样端部起皱。

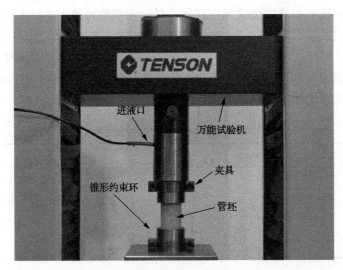

图 4-13 管状试样压缩-胀形试验卡具

2. 内压加载单元

为提供精确、稳定的内压,需采用专用内压加载单元,其原理如图 4-14 所示。内压加载单元的核心为增压器。以液压油为工作介质的液压泵站通过比例阀驱动增压器的活塞杆运动。低压腔的液压油推动活塞杆运动压缩高压腔的乳化液实现增压并输入管状试样内。增压比为低压腔与高压腔的活塞杆截面面积之比。高压腔输出压力由分析与控制单元发出的控制信号控制比例阀开度进行调节,输出压力平稳,可满足应力路径精确控制的要求。

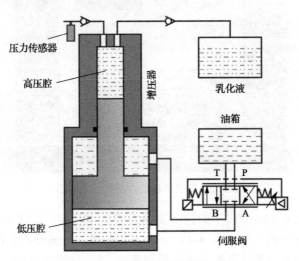

图 4-14 内压加载单元的原理图

3. 变形测量单元

变形测量单元采用 DIC 三维变形测量系统。DIC 系统通过计算喷涂在被测试样表面的散斑图像的变化，实现变形过程中物体表面任意被观测位置三维坐标、位移及应变的非接触测量。应力路径控制时需要薄壁管坯的实时变形信息，而 DIC 系统可实时采集并在线计算。所采用的 DIC 系统配备两个 200 万像素 CCD 相机，图像每秒最大采集帧数为 20。测量幅面范围为 4mm×4mm 至 4m×4m，应变测量范围达 500%。应变测量精度最高可达 50με，完全满足塑性变形过程分析的需要。位移测量精度达 0.01pixel，当分析幅面为 200mm×150mm 时，位移测量精度为 0.001mm。DIC 系统的高精度测量是实现精确应力路径的必要条件。

4. 分析与控制单元

分析与控制单元将各单元联合以实现应力路径的精确加载。该单元与轴向加载单元通过 TCP/IP 网络通信协议连接，接收轴向载荷、加载速度等数据并进行计算，同时发出控制信号以控制轴向加载速度和载荷大小。该单元通过电流信号直接与内压加载单元连接，接收压力传感器反馈信号并向比例阀发出控制信号。该单元与应变测量单元通过 TCP/IP 网络通信协议连接，单向接收应变测量单元测得的位移、应变等数据。

图 4-15 所示为薄壁管双轴加载控制系统软件界面。通过该控制软件输入管坯的直径、壁厚等参数，设置应力加载路径，即可按照设定路径对试样进行加载并实时记录试样变形结果，如应力、应变、曲率半径和壁厚等信息。

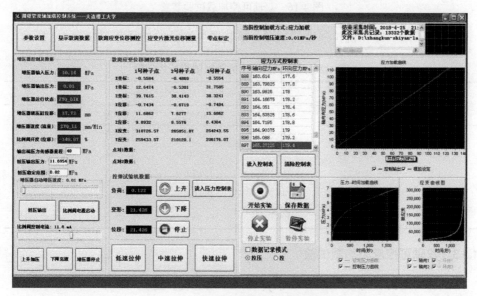

图 4-15 双轴加载控制系统软件界面

5. 集成试验装置

建立的双轴可控加载试验装置如图 4-16 所示。该装置具有如下功能特点：①应力比 $\sigma_z:\sigma_\theta=-1:0\rightarrow 0:1\rightarrow 1:0$，可对整个"拉-拉"和"拉-压"应力状态下的塑性变形行为进行测试；②最大应变测量范围达 500%；③轴向载荷测量精度为示值 0.5%，压力测量精度为 0.01MPa，位移测量精度为 0.001mm；④轴向极限载荷为±200kN，极限内压达 150MPa。

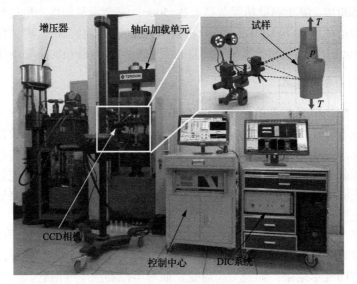

图 4-16　双轴可控加载试验装置

对于不同壁厚和抗拉强度的试样，该装置可测量的外径范围如表 4-2 所示。

表 4-2　试验装置可测的管状试样外径范围

壁厚/mm	不同抗拉强度下的试样外径范围/mm				
	100MPa	300MPa	500MPa	700MPa	900MPa
0.5	[10,70]	[10,70]	[10,70]	[10,70]	[10,70]
1.0	[20,70]	[20,70]	[20,70]	[20,70]	[20,70]
1.5	[30,70]	[30,70]	[30,70]	[30,62]	[30,48]
2.0	[40,70]	[40,70]	[40,65]	[40,47]	—
3.0	[60,70]	[60,70]			

4.5.3　双轴可控应力加载试验

试验所用材料为 AA6061-O 铝合金挤压无缝管，退火态。管坯外径 60mm，壁厚 1.8mm。用于"拉-拉（tension-tension, T-T）"应力路径试验和"拉-压

(tension-compression, T-C)"应力路径试验的试样总长分别为 270mm 和 170mm。试样中间变形区初始长度均为 120mm，为试样外径的 2 倍。

为测试管坯在"拉-拉"、"拉-压"应力状态下的塑性变形行为，在 σ_z-σ_θ 应力空间设计了 17 个线性加载路径，σ_z：σ_θ 分别为 –1：0、–1：0.25、–1：0.5、–1：0.75、–1：1、–0.75：1、–0.5：1、–0.25：1、0：1、0.25：1、0.5：1、0.75：1、1：1、1：0.75、1：0.5、1：0.25 和 1：0，近似均匀分布于应力空间的第一、二象限，如图 4-17 所示。σ_z：σ_θ =1：0 表示轴向单轴拉伸，由 4.4 节所述轴向拉伸试验获得。σ_z：σ_θ =0：1 表示环向单轴拉伸，通过双轴加载实现。

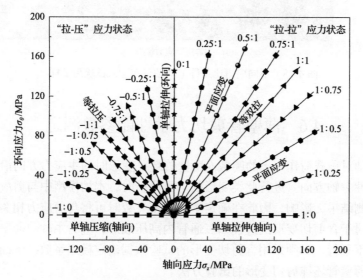

图 4-17 双轴加载试验应力路径

图 4-18 所示为不同应力加载路径下试验后的试样。当 σ_z：σ_θ ≥0：1 时管状试样失稳形式为开裂，应力比 σ_z：σ_θ =0：1～0.75：1 时沿环向开裂，σ_z：σ_θ=1：1～1：0.25 时沿轴向开裂。而当 σ_z：σ_θ ≤–0.25：1 时发生轴向压缩失稳而未开裂。

(a) "拉-拉"应力状态

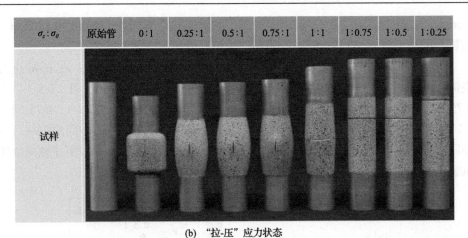

(b) "拉-压"应力状态

图 4-18 不同应力比条件下双轴可控加载试验后试样

4.6 薄壁管剪切力学性能参数测定

对于轴对称载荷作用下的圆截面薄壁管坯，变形时的主应力方向沿着薄壁管的各向异性主轴方向。进行此类变形的仿真分析时，本构模型中与剪应力相关的系数对预测结果无影响，因此在确定本构模型参数时可将与剪应力相关的系数设为定值。对于含剪切变形的过程如三通管内高压成形，应力主轴与薄壁管的各向异性主轴不平行，必须采用含剪切变形的试验数据确定模型系数。下面将介绍一种可实现薄壁管坯纯剪切变形的试验方法。

4.6.1 纯剪试验原理

薄壁管坯剪切试验是为了获得管坯在纯剪切状态下的应力-应变关系。从薄壁管坯上截取含有剪切区的试样，施加平行于剪切区的载荷使剪切区两侧发生相互错动，剪切区产生剪切变形。试验过程中测量载荷大小和剪切变形量，通过计算可获得被测薄壁管坯的剪应力-应变关系。

剪应力由式(4-59)计算得到

$$\tau = \frac{T}{A_s} \tag{4-59}$$

式中，T 为剪切过程中施加的拉伸力；A_s 为剪切区面积，等于剪切区长度与壁厚乘积。

剪应变由式(4-60)计算得到

$$\gamma = \tan\alpha \tag{4-60}$$

式中，α 为剪切角。

薄壁管坯剪切试验的关键在于：
(1) 试样尽可能处于纯剪切应力状态，剪切区均匀变形且应变可测。
(2) 试样便于加工，且制样时确保剪切区及附近区域不产生塑性变形。
(3) 施加平行于剪切区的载荷，避免夹具与剪切区域接触而产生摩擦。

4.6.2 剪切试样设计

薄壁管坯剪切试样设计的关键是在剪切区域产生均匀的纯剪切变形。图 4-19 所示为设计的双 V 切口剪切试样[31]。剪切区域尺寸较小而其相邻区域尺寸较大，可使塑性变形集中在剪切区域，同时可避免剪切区转动而导致应力状态偏离纯剪切的问题。为防止剪切试样承受偏心载荷及便于夹持，试样设计成对称结构，即试样前、后面各有一个剪切区。试样总长为 270mm，两端夹持区长度各为 75mm。

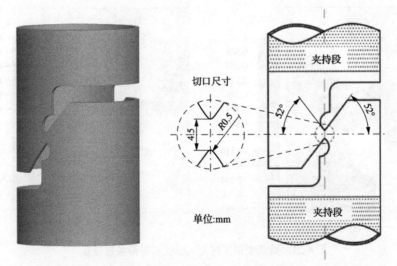

图 4-19 薄壁管坯双 V 切口剪切试样[31]

为验证薄壁管坯剪切试验的可行性，通过数值模拟进行分析。图 4-20 所示为模拟模型。考虑试样对称性，建立 1/2 模型，剪切试样模型总长为 120mm（除去卡具夹持部分）。采用 ABAQUS/Explicit 分析模块进行模拟。试样对称面上设置对称约束，试样一端固定，另一端设置 2.0mm 轴向位移。

通过分析应力三轴度 η_T 和罗德系数 μ_σ 评价剪切区是否处于纯剪切应力状态，通过分析剪应力分布评价剪切区变形均匀性。图 4-21 所示为剪应变为 0.3 时剪切

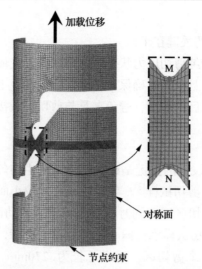

图 4-20　薄壁管剪切试验的数值模拟模型

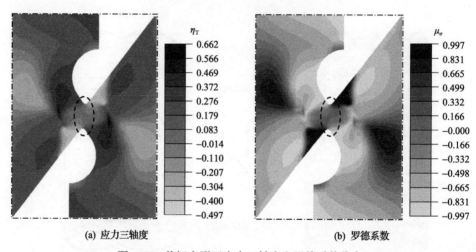

(a) 应力三轴度　　　　　　　　　　(b) 罗德系数

图 4-21　剪切变形区应力三轴度和罗德系数分布

区应力三轴度和罗德系数分布。可以看出，剪切区应力三轴度和罗德系数均接近0，因此剪切区变形时处于纯剪切应力状态。

图 4-22 所示为剪切区中间位置处应力三轴度和罗德系数随剪应变的变化。很明显，在塑性变形阶段，应力三轴度和罗德系数均接近 0，这表明所设计的试样在变形时始终处于近似纯剪切的应力状态。当应力状态稍微偏离纯剪切状态时，剪应力分量和纯剪切应力几乎一致。因此，所获得的剪切试验结果可用于确定本构模型中剪应力相关的系数。

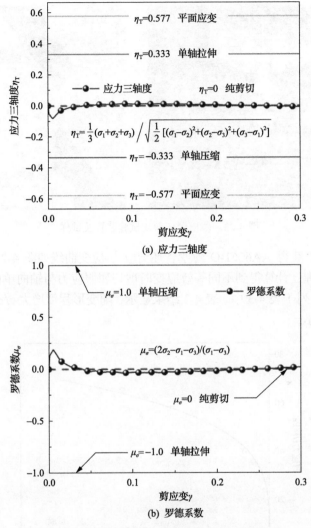

图 4-22 应力三轴度和罗德系数随剪应变的变化

4.6.3 剪切试验

薄壁管剪切试验在电子万能试验机上进行,如图 4-23 所示。薄壁管为 AA6061-O 铝合金挤压无缝管,外径 60mm,壁厚 1.8mm。试验前,对试样施加 50N 的预紧力以消除各连接环节的间隙。试验机横梁速度设为 0.5mm/min。测试前在剪切试样外表面喷涂随机分布的斑点。由于剪切区域很小,为了在剪切区域得到足够多的数据点,喷涂的黑色斑点直径控制在 0.3mm 左右。试验过程中采用 DIC 系统同步记录试样表面的位移、应变等数据。

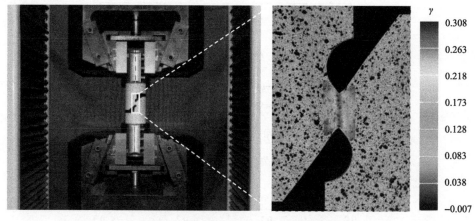

图 4-23 薄壁管坯剪切试验装置及试样

通过试验，获得 AA6061-O 薄壁管坯剪应力-应变曲线如图 4-24 所示。根据塑性功相等原理，计算得到不同等效应变时剪切屈服应力与轴向单向拉伸屈服应力之比 τ/σ_{z0}，列于表 4-3 中。表 4-3 结果显示，随变形程度增大 τ/σ_{z0} 逐渐减小，但变化幅度较小。

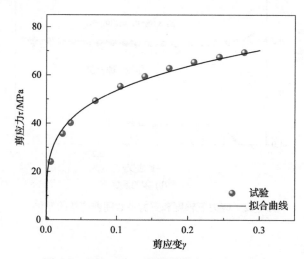

图 4-24 AA6061-O 薄壁管剪应力-应变曲线

表 4-3 不同等效应变时剪切屈服应力与轴向屈服应力之比

ε_0^p	0.002	0.02	0.06	0.1	0.16	0.22
τ/σ_{z0}	0.5912	0.5932	0.5875	0.5859	0.5824	0.5778

第5章 各向异性金属薄壳全应力域本构模型及应用

在采用内高压成形方法制造薄壁管状构件时，原始管坯处于双轴应力状态，环向始终受拉，而轴向可能受拉或受压。换言之，薄壁管将在"拉-拉"和"拉-压"平面应力条件下变形。对于拉压对称材料，利用对应环向、轴向的"拉-拉"和"拉-压"应力状态即可代表整个平面应力范围。为分析讨论方便，针对各向异性金属薄管，将"拉-拉"和"拉-压"应力状态范围定义为全应力域。

本章将根据双轴可控加载试验对薄壁管坯全应力域变形特性进行表征，讨论常用各向异性本构模型对全应力域变形特性的预测精度，分析不同模型的预测特性及预测偏差的原因。在此基础上，提出可同时描述"拉-拉"和"拉-压"应力状态塑性变形特性的全应力域本构模型。最后，提出一种基于本构模型确定薄壁管各向异性参数的新方法。

5.1 各向异性铝合金薄壁管全应力域变形特性

在第4章中，讨论了基于管状试样的本构模型参数确定方法，重点介绍了薄壁管双轴力学性能参数测定的双轴可控加载试验方法。利用开发的专用试验装置，进行 AA6061-O 铝合金薄壁管的双轴可控加载试验（见 4.5.3 节）。所得试验数据为分析各向异性薄壁管在不同应力状态下的塑性变形特性、开发新的各向异性本构模型奠定了基础。

下面将首先对所测试的 AA6061-O 铝合金薄壁管的全应力域变形特性进行分析。

5.1.1 全应力域屈服特性

研究屈服特性、定义材料本构模型时都需要利用相同硬化状态时的试验数据，因此需要先定义等效硬化状态。塑性功常用于表示材料的硬化程度，单位体积塑性功相等时表示材料处于相同的硬化状态。因此，可以根据单位体积塑性功相等原理确定不同加载路径下等效的硬化状态。图 5-1 所示为计算单轴应力状态和一般平面应力状态时塑性功的示意图。选择一个单轴应力-应变曲线计算达到某一应变 ε_0^p 时的塑性功 W_0 作为参考，如图 5-1(a) 所示。然后计算任意一般应力状态下各应力分量的塑性功，如图 5-1(b) 所示。当满足式 (5-1) 时，单向拉伸的应力 σ_0^* 和应变 ε_0^{p*} 分别与一般应力状态 $(\sigma_z^*, \sigma_\theta^*, \sigma_{z\theta}^*)$ 和应变状态 $(\varepsilon_z^{p*}, \varepsilon_\theta^{p*}, \gamma_{\theta z}^{p*})$ 等效，即两者处于相同的硬化状态。

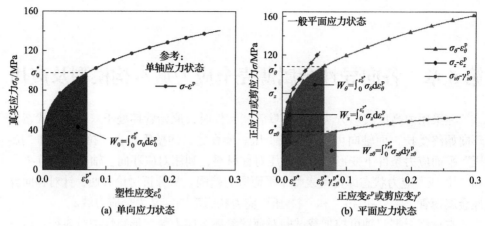

图 5-1 塑性功计算示意图

$$\int_0^{\varepsilon_0^{p*}} \sigma_0 \mathrm{d}\varepsilon_0^p = \int_0^{\varepsilon_z^{p*}} \sigma_z \mathrm{d}\varepsilon_z^p + \int_0^{\varepsilon_\theta^{p*}} \sigma_\theta \mathrm{d}\varepsilon_\theta^p + \int_0^{\gamma_{z\theta}^{p*}} \sigma_{z\theta} \mathrm{d}\gamma_{z\theta}^p \qquad (5\text{-}1)$$

选择轴向应力-应变曲线作为参考，根据单位体积塑性功相等原理得到等效塑性应变 ε_0^p =0.002、0.01、0.02、0.035 和 0.06 时屈服应力数据点，在应力空间中形成试验屈服轨迹，如图 5-2 所示。图中，应力分量由轴向单轴屈服应力 σ_z^0 做归一化处理。

由图 5-2 可以看出，不同等效应变条件下的归一化屈服应力点均位于一个狭窄的区域内，因而初始屈服和后继屈服轨迹形状相似，屈服特性随变形几乎不发生改变。这表明该材料在"拉-拉"、"拉-压"全应力域内近似等向强化。

图 5-2 中还绘制了各向同性模型 Mises 的理论屈服轨迹。结果显示，Mises 理论屈服轨迹明显偏离试验屈服轨迹。"拉-拉"应力状态下试验屈服点均位于 Mises 轨迹内侧，而"拉-压"应力状态下试验屈服点均位于 Mises 轨迹外侧。上述现象表明，该材料的屈服行为呈现各向异性[32]，且在"拉-拉"和"拉-压"应力状态下的屈服特性也明显不同。

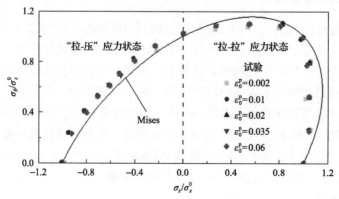

图 5-2 不同参考塑性应变下归一化屈服轨迹[33]

5.1.2 全应力域流动特性

图 5-3 所示为试验得到的线性应力加载路径下的轴向应变和环向应变,即应变路径。可以看出,所得试验应变路径均近似为线性,表明"拉-拉"和"拉-压"应力状态下该薄壁管的塑性流动特性几乎不发生改变。"拉-压"应力状态下各向同性模型预测的应变路径与试验结果相吻合,这表明"拉-压"应力状态下的流动特性与各向同性材料相似。相反地,"拉-拉"应力状态下各向同性模型预测的应变路径明显偏离试验结果,当 $\sigma_z:\sigma_\theta=1:1$ 时环向与轴向应变之比为 0.56。此外,"拉-拉"

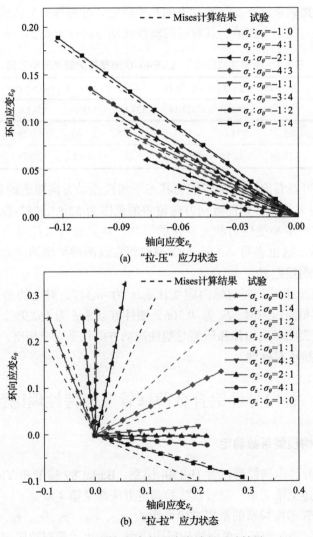

图 5-3 不同加载条件下应变路径试验结果

应力状态下,应力比互为倒数的加载条件下试验应变路径关于 $\varepsilon_z:\varepsilon_\theta=1:1$ 非对称。这些现象表明,"拉-拉"应力状态下材料的流动特性呈现明显的各向异性[32]。

塑性流动角 β 定义为塑性流动方向与 ε_θ-ε_z 坐标系中轴向应变轴的夹角,采用式(5-2)计算,逆时针方向定义为正值。

$$\beta^{\exp} = \arctan\left(\frac{d\varepsilon_\theta}{d\varepsilon_z}\right) \tag{5-2}$$

式中,$d\varepsilon_\theta$、$d\varepsilon_z$ 分别为环向、轴向塑性应变增量。

线性应力加载条件下塑性流动方向几乎恒定,可将每一个试验得到的应变关系做线性拟合得到一个比值,其对应的塑性流动方向列于表 5-1 中。

表 5-1 不同加载路径下 AA6061-O 薄壁管的塑性流动方向

$\sigma_z:\sigma_\theta$	$-1:0$	$-1:0.25$	$-1:0.5$	$-1:0.75$	$-1:1$	$-0.75:1$	$-0.5:1$	$-0.25:1$	$0:1$
$\beta/(°)$	162.99	151.03	142.04	137.34	134.18	131.01	128.53	122.79	110.20
$\sigma_z:\sigma_\theta$	$0.25:1$	$0.5:1$	$0.75:1$	$1:1$	$1:0.75$	$1:0.5$	$1:0.25$	$1:0$	—
$\beta/(°)$	95.56	89.20	78.42	29.19	5.31	-0.68	-5.85	-17.59	—

从表 5-1 可以看出,"拉-拉"应力状态下塑性流动方向覆盖的范围为 127.8°,而"拉-压"应力状态下塑性流动方向覆盖的范围为 52.8°,"拉-拉"应力状态下的塑性流动方向更易受应力状态变化的影响,特别是等双拉应力状态附近,如图 5-3(b)所示。这也表明 AA6061-O 薄壁管在这两种类型的应力状态下的塑性流动特性存在明显差异。

轴向单向拉伸时环向与轴向应变比 $\varepsilon_\theta/\varepsilon_z$ 为 -0.317,对应的塑性流动角 β 为 $-17.59°$;轴向单向压缩时 $\varepsilon_\theta/\varepsilon_z$ 为 -0.306,塑性流动角 β 为 162.99°,其反方向的 β 为 $-17.01°$。这表明单向拉伸和压缩时塑性流动方向几乎完全相反,即塑性流动行为在轴向具有拉压对称性。

5.2 各向异性铝合金薄壁管变形特性理论预测

5.2.1 常用本构模型系数确定

常用各向异性本构模型包含 Hill'48 模型、Barlat'89 模型和 Yld2000-2d 模型等,其详细描述见第 2 章,模型系数的确定方法详见第 4 章。

确定薄壁管本构模型的常用试验参数为 σ_{z0}、$\sigma_{\theta 0}$、σ_b、r_z、r_θ、r_b。其中,σ_{z0} 和 $\sigma_{\theta 0}$ 分别表示轴向和环向单向拉伸屈服应力,σ_b 表示等双拉屈服应力,r_z 和 r_θ 分别表示轴向和环向 r 值,r_b 为等双拉时环向应变与轴向应变之比 $r_b=\varepsilon_\theta/\varepsilon_z$,通常

称为等双拉各向异性系数。为便于在"拉-拉"和"拉-压"应力状态下讨论本构模型预测准确性,还将采用"拉-压"应力状态的试验参数共同确定本构模型。选择"等拉压"应力状态($\sigma_z : \sigma_\theta = -1:1$)下的等拉压屈服应力 σ_{-b} 和等拉压各向异性系数 r_{-b}。表 5-2 给出不同等效应变下用于确定本构模型系数的试验数据。

表 5-2 不同等效应变下用于确定本构模型系数的试验数据

ε_0^p	σ_z	σ_θ	σ_b	σ_{-b}	r_z	r_θ	r_b	r_{-b}
0.002	34.0	34.6	33.3	20.5	0.468	0.587	0.560	−1.027
0.01	50.3	51.1	49.0	30.9	0.467	0.587	0.559	−1.023
0.02	64.9	66.4	64.0	39.6	0.466	0.588	0.558	−1.022
0.035	79.3	81.1	78.3	48.6	0.465	0.588	0.557	−1.028
0.06	93.1	95.5	92.6	56.7	0.463	0.586	0.555	−1.055

在确定模型系数时,可采用不同类型的数据。表 5-3 给出确定三种常用本构模型时可能采用的试验数据。

表 5-3 确定不同本构模型所用的试验数据

模型	试验数据
Hill'48	方案 I:$\sigma_z, \sigma_\theta, \sigma_b$ | 方案 II:$\sigma_z, \sigma_\theta, \sigma_{-b}$
Barlat'89	方案 I:$\sigma_z, \sigma_\theta, \sigma_b$ | 方案 II:$\sigma_z, \sigma_\theta, \sigma_{-b}$
Yld2000-2d	方案 I:$\sigma_z, \sigma_\theta, \sigma_b, r_z, r_\theta, r_b$ | 方案 II:$\sigma_z, \sigma_\theta, \sigma_{-b}, r_z, r_\theta, r_{-b}$ 方案III:$\sigma_z, \sigma_b, \sigma_{-b}, r_z, r_b, r_{-b}$ | 方案IV:$\sigma_\theta, \sigma_b, \sigma_{-b}, r_\theta, r_b, r_{-b}$

5.2.2 屈服行为理论预测

为分析常用本构模型在描述各向异性铝合金薄壁管在全应力域范围屈服行为时的准确性,将对理论预测屈服轨迹和试验结果进行对比,重点讨论本构模型参数确定方案对预测准确性的影响。

1. "拉-拉"应力状态数据确定的本构模型

图 5-4 所示为不同模型的理论屈服轨迹与试验结果对比。容易看出,不同本构模型对各向异性铝合金薄壁管全应力域屈服行为的预测精度存在明显差异。

为定量比较各个模型预测的准确性,定义一个衡量预测误差的参数 δ_r,其定义如式(5-3)所示。

$$\delta_r = \frac{\left| r_i^{\exp} - r_i^{\mathrm{cal}} \right|}{r_i^{\exp}} \times 100\% \tag{5-3}$$

式中，r_i^{exp} 为第 i 个试验点到 σ_z-σ_θ 坐标系原点的距离；r_i^{cal} 为第 i 个试验点对应的理论屈服点到 σ_z-σ_θ 坐标系原点的距离。

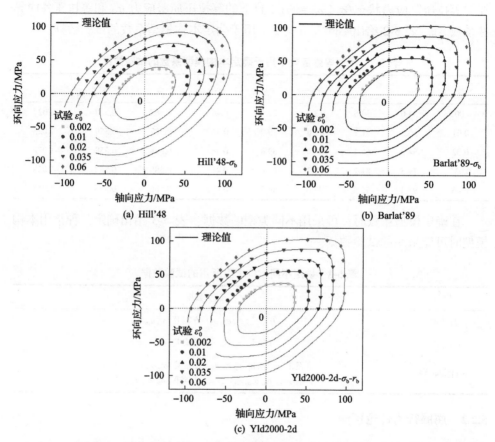

图 5-4 采用"拉-拉"数据确定的理论屈服轨迹与试验结果比较

由图 5-4 及计算所得参数 δ_r 可知[32]，Barlat'89 和 Yld2000-2d 模型可准确预测"拉-拉"应力状态下的屈服行为，但不能准确预测"拉-压"应力状态下的屈服行为。这可能是由于未采用"拉-压"应力状态下的试验数据参与确定本构模型，"拉-压"应力状态下的屈服特性无法体现。而 Hill'48 模型对"拉-拉"和"拉-压"应力状态下屈服行为的预测精度均较低。这是因为 Hill'48 模型是一个简单的二次型本构模型，模型参数少，导致其预测能力不足。

2. "拉-压"应力状态数据确定的本构模型

本构模型预测能力不仅取决于其类型，还取决于用于确定模型系数的试验数据。仅采用"拉-拉"应力状态数据确定的常用本构模型均不能准确预测"拉-压"应力状态下的屈服行为，可能的原因是确定模型时未考虑"拉-压"应力状态下的变形特性数据。为此，采用"拉-压"应力状态的数据 σ_{-b} 和 r_{-b} 代替"拉-拉"应力状态的数据 σ_b 和 r_b 来确定本构模型。所得理论屈服轨迹与试验结果如图 5-5 所示。

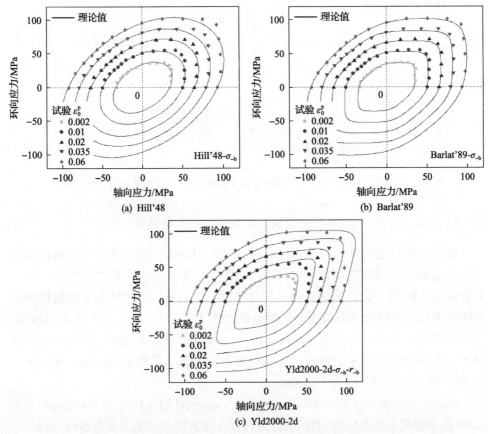

图 5-5 采用"拉-压"数据确定的理论屈服轨迹与试验结果比较

由图 5-5 及计算所得参数 δ_r 可知[32]，采用"拉-压"应力状态下的试验数据确定的 Hill'48、Barlat'89 和 Yld2000-2d 模型，在预测"拉-压"应力状态下的屈服行为时具有较高精度。即使采用简单的二次型本构模型 Hill'48 也可以准确预测铝合金薄壁管在"拉-压"应力状态下的屈服行为。然而，这些模型均不能准确描述铝合金薄壁管在"拉-拉"应力状态下的屈服行为。通常认为更先进的 Yld2000-2d 模型预测精度反而更差。

图 5-6 给出应力参数 σ_{-b}/σ_z^0 和应变参数 r_{-b} 对 Yld2000-2d 模型预测屈服轨迹的影响。当 σ_{-b}/σ_z^0 从 -0.575 变化到 -0.625 时，Yld2000-2d 预测的"拉-拉"应力状态下屈服轨迹将发生显著变化；同样，r_{-b} 也会显著影响 Yld2000-2d 预测的"拉-拉"应力状态下的屈服轨迹。这充分表明，"拉-拉"应力状态下的屈服轨迹对确

定模型时所用的"拉-压"应力状态下的试验数据非常敏感。

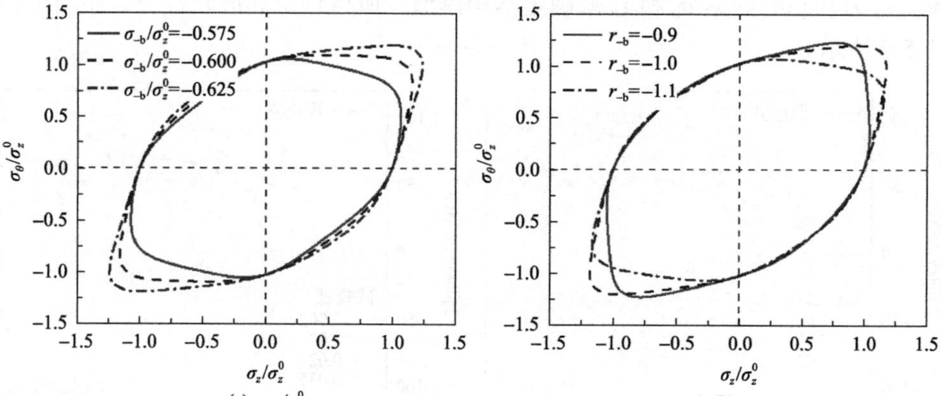

图 5-6 应力参数 σ_{-b}/σ_z^0 和应变参数 r_{-b} 对 Yld2000-2d 模型预测屈服轨迹的影响

3. "拉-拉"和"拉-压"应力状态数据确定的本构模型

通过前述讨论可知,仅采用"拉-拉"或"拉-压"应力状态下的数据确定的本构模型无法同时准确预测"拉-拉"和"拉-压"全应力域内的屈服行为。为解决这一问题,尝试同时采用"拉-拉"和"拉-压"应力状态下的数据确定本构模型。所得理论屈服轨迹与试验结果如图 5-7 所示。图 5-7(a)为采用轴向、等双拉和等拉压的试验数据(σ_z、σ_b、σ_{-b}、r_z、r_b、r_{-b})确定的模型,记为 Yld2000-2d-z。图 5-7(b)中为采用环向、等双拉和等拉压的试验数据(σ_θ、σ_b、σ_{-b}、r_θ、r_b、r_{-b})确定的模型,记为 Yld2000-2d-θ。

由图 5-7(a)可知,Yld2000-2d-z 预测 $\sigma_z:\sigma_\theta = -0.25:1 \sim 0.75:1$ 应力状态下(即环向单轴应力状态附近)的屈服行为时存在较大偏差,最大偏差达到 38.6%。造成预测误差异常偏大的原因可能是确定模型时缺少环向单拉试验数据,使得该应力状态附近的屈服特征无法被体现。相比之下,图 5-7(b)所示的由环向单拉试验数据参与确定的 Yld2000-2d-θ 模型可准确预测 $\sigma_z:\sigma_\theta = -0.25:1 \sim 0.75:1$ 应力状态下的屈服行为。但是,此时的 Yld2000-2d-θ 无法准确预测 $\sigma_z:\sigma_\theta = -1:0 \sim -1:0.5$ 和 $\sigma_z:\sigma_\theta = 1:0.5 \sim 1:0$ 应力状态下(即轴向单轴应力状态附近)的屈服行为,最大预测偏差达到 12.9%。这可能是由于确定本构模型时又缺少轴向单拉试验数据,使得该应力状态附近的屈服特征无法被体现。概括而言,即使同时采用"拉-拉"和"拉-压"应力状态下的试验数据确定 Yld2000-2d 模型,其也不能准确预测"拉-拉"和"拉-压"应力状态下的屈服行为,甚至还会在整体上增大屈服预测误差。

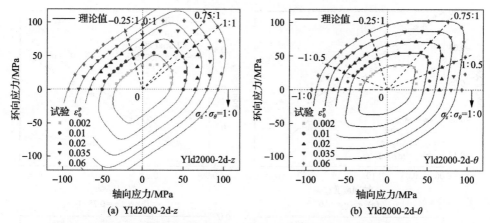

图 5-7 不同类型数据确定的 Yld2000-2d 模型的理论屈服轨迹

5.2.3 流动行为理论预测

本构模型理论预测的塑性流动方向定义为

$$\beta^{\text{cal}} = \arctan\left(\frac{\partial f/\partial \sigma_\theta}{\partial f/\partial \sigma_z}\right) \tag{5-4}$$

在 5.2.2 节所述的理论屈服轨迹在不同硬化阶段均具有相似的形状，表明基于式(5-4)理论预测的塑性流动方向随变形程度增大不会发生明显变化。图 5-8 为采用"拉-拉"应力状态下试验数据确定的本构模型预测的塑性流动方向与试验结果对比。由于涉及的试验条件较多，图 5-8 中仅给出几组具有代表性的结果，其他加载条件下的结果类似。

为定量反映预测偏差大小，定义一个衡量塑性流动方向预测误差的参数 δ_β，如式(5-5)所示：

$$\delta_\beta = \beta^{\text{cal}} - \beta^{\text{exp}} \tag{5-5}$$

由图 5-8 及计算所得参数 δ_β 可知[32]，基于"拉-拉"应力状态下的试验数据建立的所有模型中，Yld2000-2d 模型对全应力域内的塑性流动方向的预测精度最高，但在某些加载路径特别是"拉-压"应力状态下仍存在较大预测偏差。Barlat'89 模型可较为准确地预测除 $\sigma_z:\sigma_\theta=1:1$ 外"拉-拉"应力状态下的塑性流动方向，但对"拉-压"应力状态下的塑性流动方向预测精度较差。而 Hill'48 模型对全应力域内的塑性流动方向预测准确性最低。

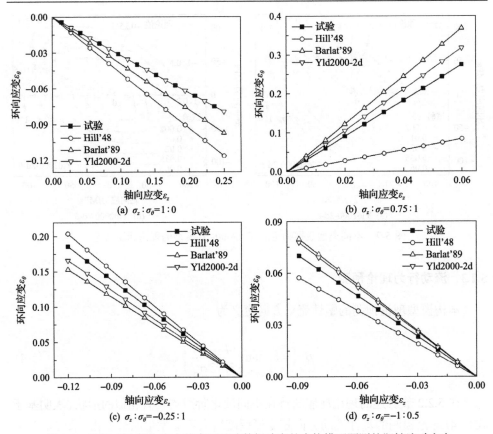

图 5-8 采用"拉-拉"应力状态下试验数据确定的本构模型预测的塑性流动方向

图 5-9 为采用"拉-压"应力状态下试验数据确定的本构模型预测的塑性流动方向。由于涉及的试验条件较多,图中仅给出几组代表性结果。结果表明,采用"拉-压"应力状态下的试验数据确定的 Hill'48 模型明显提高了"拉-压"应力状态下塑性流动方向的预测精度,而对"拉-拉"应力状态下的预测误差仍较大,最大偏差为 21.0°。采用"拉-压"应力状态下数据确定的 Barlat'89 模型和 Yld2000-2d 模型明显提高了"拉-压"应力状态下塑性流动方向的预测精度,但降低了"拉-拉"应力状态下塑性流动方向的预测精度,特别是 Yld2000-2d 模型,最大偏差达 32.8°。

如图 5-10 所示为应力参数 σ_{-b}/σ_z^0 和应变参数 r_{-b} 的变化对 Yld2000-2d 模型理论预测塑性流动方向的影响。当 σ_{-b}/σ_z^0 和 r_{-b} 变化时,对"拉-拉"应力状态下预测的塑性流动方向有较大影响,表明"拉-拉"应力状态下的塑性流动方向对"拉-压"应力状态下的试验数据非常敏感。

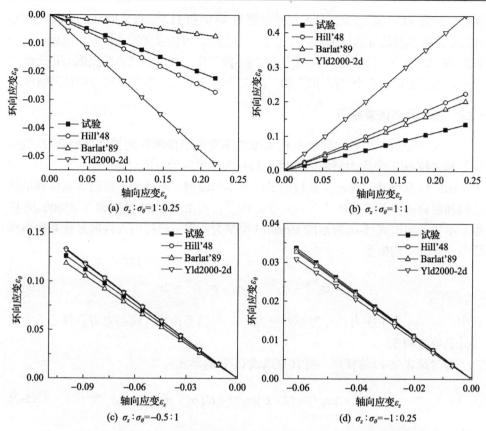

图 5-9 采用"拉-压"应力状态下试验数据确定的本构模型预测的塑性流动方向

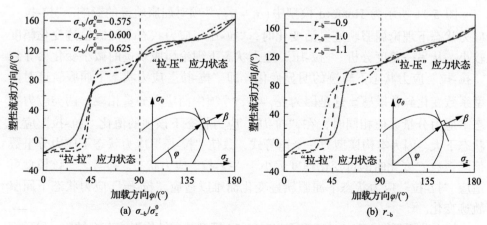

图 5-10 参数 σ_{-b}/σ_z^0 和 r_{-b} 对 Yld2000-2d 模型预测塑性流动方向的影响

进一步分析表明,同时采用"拉-拉"、"拉-压"应力状态下试验数据所确定的模型预测塑性流动方向时,Yld2000-2d-z 模型和 Yld2000-2d-θ 模型的平均绝对误差分别为 11.6°和 3.93°，最大偏差分别为 44.6°和 11.7°。Yld2000-2d-θ 模型对塑性流动方向预测的准确性虽然高于 Yld2000-2d-z，但仍存在较大误差。因此，对于 Yld2000-2d 模型，即使将"拉-压"和"拉-拉"应力状态下试验数据同时用于确定模型，也不能提高整个"拉-拉"和"拉-压"应力状态下塑性流动方向预测精度。

5.2.4 理论预测偏差原因

上述讨论的常用各向异性本构模型均不能准确预测各向异性薄壁管在"拉-拉"和"拉-压"全应力域内的塑性变形行为，可能的原因讨论如下。

Hill'48 模型是含有较少系数的二次型本构模型，不适用于预测等双拉到单拉之间屈服轨迹呈平缓特征的面心立方材料[34]。而 Barlat'89 模型和 Yld2000-2d 模型，本质上均以式(5-6)所示的 Hosford 模型为基础，通过引入各向异性系数而构建各向异性本构模型。

$$f = \sigma_1^{2m} + \sigma_2^{2m} + (\sigma_1 - \sigma_2)^{2m} = 2\sigma_i^{2m} \tag{5-6}$$

式中，σ_1、σ_2 为主应力；σ_i 为等效应力；m 为模型指数，面心立方和体心立方材料分别取 4 和 3。

为讨论式(5-6)的特点，将其写成式(5-7)的形式：

$$f = (2-C)\sigma_1^{2m} + (2-C)\sigma_2^{2m} + C(\sigma_1 - \sigma_2)^{2m} = 2\sigma_i^{2m} \tag{5-7}$$

式中，C 为模型系数。

图 5-11 所示为 Hosford 模型中 $(\sigma_1 - \sigma_2)^{2m}$ 项对屈服轨迹的影响。"拉-拉"应力状态下理论屈服轨迹灵活变化时，"拉-压"应力状态下屈服轨迹变化幅度较小。从另一角度分析，"拉-压"应力状态下理论屈服轨迹的微小变化会导致"拉-拉"应力状态下轨迹的明显变化，即"拉-拉"应力状态下屈服轨迹对模型系数变化异常敏感。这是因为 $(\sigma_1 - \sigma_2)^{2m}$ 项中两应力分量相减，两类应力状态下应力分量数值相同时，在"拉-压"应力状态下该项的值比"拉-拉"应力状态下大。因为本构模型为一个恒等式，致使"拉-压"应力状态下应力分量数值随系数 C 变化时的可变化程度远小于"拉-拉"应力状态。换言之，该模型可适应"拉-拉"应力状态下屈服轨迹变化而难以适应"拉-压"应力状态下屈服轨迹变化。

综上分析可知，Barlat'89 和 Yld2000-2d 模型基础结构形式存在缺陷，导致模型的灵活性不足，难以同时准确描述在"拉-拉"和"拉-压"这两类应力状态下具有不同屈服和流动特性的塑性变形行为。

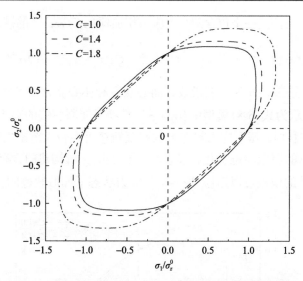

图 5-11 Hosford 模型中 $(\sigma_1-\sigma_2)^{2m}$ 项对屈服轨迹的影响

另一种可能的原因是，相关联本构模型中用于确定模型系数的应力数据和应变数据对模型的相互制约作用降低了模型的预测能力。相关联本构模型的屈服函数和塑性位势函数具有相同的表达式，表达式中同时包含用于描述材料屈服特性的应力数据和用于描述塑性流动特性的应变数据，如 Yld2000-2d 模型，这两种数据在确定模型时会相互影响。如图 5-10(a)所示，当应力数据 σ_b/σ_z^0 从-0.575 变化到-0.625 时，Yld2000-2d 模型预测的塑性流动方向发生显著变化。这表明应力数据不仅影响屈服轨迹，还直接影响预测的塑性流动方向。类似地，应变数据不仅影响预测的塑性流动方向，还影响屈服轨迹，如图 5-6(b)所示。应力数据与应变数据的相互影响降低了本构模型的预测能力[35]。

5.3 各向异性铝合金薄壁管全应力域新本构模型

为解决常用各向异性本构模型无法同时准确预测 AA6061-O 各向异性薄壁管在"拉-拉"和"拉-压"全应力域内塑性变形行为的问题，需要开发新的本构模型。

5.3.1 全应力域本构模型构建

5.2.4 节中对理论预测偏差的分析认为，式(5-7)中只存在一个两个主应力相减项 $(\sigma_1-\sigma_2)^{2m}$，因此当两类应力状态下应力分量数值相同时，在"拉-压"应力状态下该项的值要比"拉-拉"应力状态下大。这导致"拉-压"应力状态下应力分量数值的可变化范围远小于"拉-拉"应力状态。

对应式(5-7)，给出一个包含两个主应力相加项 $(\sigma_1+\sigma_2)^{2m}$ 的模型：

$$f = (2-C)\sigma_1^{2m} + (2-C)\sigma_2^{2m} + C(\sigma_1+\sigma_2)^{2m} = 2\sigma_i^{2m} \qquad (5\text{-}8)$$

式中，C 为模型系数；m 为模型指数，面心立方和体心立方材料分别取 4 和 3。

图 5-12 所示为式(5-8)模型中 $(\sigma_1+\sigma_2)^{2m}$ 项对屈服轨迹的影响。显然，当改变模型系数 C 时"拉-压"应力状态下的屈服轨迹可在较大范围内变化，而"拉-拉"应力状态下的屈服轨迹变化幅度较小。这表明，所构建的含有两个主应力相加项 $(\sigma_1+\sigma_2)^{2m}$ 的模型可以适应"拉-压"应力状态下屈服轨迹的变化。

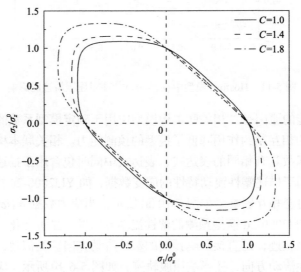

图 5-12 模型中 $(\sigma_1+\sigma_2)^{2m}$ 项对屈服轨迹的影响

为同时满足"拉-拉"和"拉-压"应力状态屈服轨迹的预测需求，将式(5-7)和式(5-8)所示的两种模型叠加，得到

$$f = A\sigma_1^{2m} + A\sigma_2^{2m} + B(\sigma_1+\sigma_2)^{2m} + (2-A-B)(\sigma_1-\sigma_2)^{2m} = 2\sigma_i^{2m} \qquad (5\text{-}9)$$

式中，A、B 为模型系数。

将式(5-9)扩展为一般平面应力状态形式并通过线性变换引入各向异性参数，可构建出新的各向异性本构模型，表示为

$$f = (K_1+K_2)^{2m} + (K_1-K_2)^{2m} + (2K_3)^{2m} + (2K_4)^{2m} = 2\sigma_i^{2m} \qquad (5\text{-}10)$$

式中，

$$\begin{cases} K_1 = \dfrac{1}{2}(b\sigma_{11} + c\sigma_{22}) \\ K_2 = \sqrt{\left(\dfrac{d\sigma_{11} - e\sigma_{22}}{2}\right)^2 + p^2\sigma_{12}^2} \\ K_3 = \dfrac{1}{2}(a\sigma_{11} + h\sigma_{22}) \\ K_4 = \sqrt{\left(\dfrac{f\sigma_{11} - g\sigma_{22}}{2}\right)^2 + q^2\sigma_{12}^2} \end{cases} \quad (5\text{-}11)$$

其中，a、b、c、d、e、f、g、h、p、q 为模型的待定系数；m 为模型的待定指数。

屈服轨迹取决于模型系数 a、b、c、d、e、f、g、h、p、q 和模型指数 m。在这些系数中，p、q 与剪应力分量相关，a、b、c、d、e、f、g、h 与正应力分量相关。为保证 a、b、c、d、e、f、g、h 这八个模型系数的独立性，模型指数 $2m$ 应不小于 7，m 的默认值取为 4。m 值也可根据多组试验数据优化得到，这里不做进一步讨论。

当 $a=h=0$ 时，新本构模型简化为 Yld2000-2d 模型。当 $b=d$、$c=e=g$、$p=q$、$a=h=0$ 时，新本构模型简化为 Barlat'89 模型。当 $b=c=d=e=f=g=p=q=1$、$a=h=0$ 时，若 $m=1$，则新本构模型简化为 Mises 模型；若 $m=+\infty$，则新本构模型简化为 Tresca 模型。

5.3.2 新本构模型的外凸性

为确保本构模型具有外凸性，其 Hessian 矩阵 $\boldsymbol{H}$ 需为半正定矩阵。矩阵 $\boldsymbol{H}$ 半正定的一种常用判定条件是其所有特征值均为非负数。但求解式(5-10)所示函数的 $\boldsymbol{H}$ 矩阵特征值极为复杂，甚至不能显式表达。因此，采用一种易于运算的方法证明新模型外凸性，即证明 $\boldsymbol{H}$ 矩阵各阶顺序主子式均为非负数。

令

$$\phi = (S_1 + S_2)^{2m} + (S_1 - S_2)^{2m} \quad (5\text{-}12)$$

式中，

$$\begin{cases} S_1 = X_1 \\ S_2 = \sqrt{X_2^2 + X_3^2} \end{cases} \quad (5\text{-}13)$$

$$\begin{bmatrix} X_1 \\ X_2 \\ X_3 \end{bmatrix} = \begin{bmatrix} b/2 & c/2 & 0 \\ d/2 & -e/2 & 0 \\ 0 & 0 & p \end{bmatrix} \begin{bmatrix} \sigma_{11} \\ \sigma_{22} \\ \sigma_{12} \end{bmatrix} \quad (5\text{-}14)$$

Hessian 矩阵 $\boldsymbol{H}$ 的定义如式(5-15)和式(5-16)所示。

$$\boldsymbol{H} = \begin{bmatrix} H_{11} & H_{12} & H_{13} \\ H_{21} & H_{22} & H_{23} \\ H_{31} & H_{32} & H_{33} \end{bmatrix} \tag{5-15}$$

$$H_{ij} = \left. \frac{\partial^2 \phi}{\partial X_i \partial X_j} \right|_{i,j=1,2,3} \tag{5-16}$$

Hessian 矩阵 $\boldsymbol{H}$ 的各分量为

$$H_{11} = \frac{\partial^2 \phi}{\partial S_1^2} \tag{5-17}$$

$$H_{12} = H_{21} = \frac{\partial^2 \phi}{\partial S_1 \partial S_2} \frac{X_2}{S_2} \tag{5-18}$$

$$H_{13} = H_{31} = \frac{\partial^2 \phi}{\partial S_1 \partial S_2} \frac{X_3}{S_2} \tag{5-19}$$

$$H_{22} = \frac{\partial^2 \phi}{\partial S_2^2} \frac{X_2^2}{S_2^2} + \frac{\partial \phi}{\partial S_2} \frac{X_3^2}{S_2^3} \tag{5-20}$$

$$H_{23} = H_{32} = \frac{\partial^2 \phi}{\partial S_2^2} \frac{X_2 X_3}{S_2^2} - \frac{\partial \phi}{\partial S_2} \frac{X_2 X_3}{S_2^3} \tag{5-21}$$

$$H_{33} = \frac{\partial^2 \phi}{\partial S_2^2} \frac{X_3^2}{S_2^2} + \frac{\partial \phi}{\partial S_2} \frac{X_2^2}{S_2^3} \tag{5-22}$$

式中

$$\begin{cases} \dfrac{\partial \phi}{\partial S_2} = 2m\left[(S_1+S_2)^{2m-2} - (S_1-S_2)^{2m-2} \right] \\ \dfrac{\partial^2 \phi}{\partial S_1^2} = 2m(2m-1)\left[(S_1+S_2)^{2m-2} + (S_1-S_2)^{2m-2} \right] \\ \dfrac{\partial^2 \phi}{\partial S_2^2} = 2m(2m-1)\left[(S_1+S_2)^{2m-2} + (S_1-S_2)^{2m-2} \right] \\ \dfrac{\partial^2 \phi}{\partial S_1 \partial S_2} = 2m(2m-1)\left[(S_1+S_2)^{2m-2} - (S_1-S_2)^{2m-2} \right] \end{cases} \tag{5-23}$$

一阶顺序主子式即为 Hessian 矩阵 $\boldsymbol{H}$ 的分量 H_{11}，如式(5-17)所示。

二阶顺序主子式为

$$\begin{vmatrix} H_{11} & H_{12} \\ H_{21} & H_{22} \end{vmatrix} = H_{11}H_{22} - H_{12}H_{21} = \frac{X_2^2}{S_2^2}\left[\frac{\partial^2 \phi}{\partial S_1^2} \frac{\partial^2 \phi}{\partial S_2^2} - \left(\frac{\partial^2 \phi}{\partial S_1 \partial S_2} \right)^2 \right] + \frac{\partial^2 \phi}{\partial S_1^2} \frac{\partial \phi}{\partial S_2} \frac{X_3^2}{S_2^2} \tag{5-24}$$

三阶顺序主子式为

$$\begin{vmatrix} H_{11} & H_{12} & H_{13} \\ H_{21} & H_{22} & H_{23} \\ H_{31} & H_{32} & H_{33} \end{vmatrix} = H_{11}\begin{vmatrix} H_{22} & H_{23} \\ H_{32} & H_{33} \end{vmatrix} + H_{21}\begin{vmatrix} H_{13} & H_{12} \\ H_{33} & H_{32} \end{vmatrix} + H_{31}\begin{vmatrix} H_{12} & H_{13} \\ H_{22} & H_{23} \end{vmatrix}$$

$$= \frac{\partial \phi}{\partial S_2} \frac{1}{S_2} \left[\frac{\partial^2 \phi}{\partial S_1^2} \frac{\partial^2 \phi}{\partial S_2^2} - \left(\frac{\partial^2 \phi}{\partial S_1 \partial S_2} \right)^2 \right]$$

(5-25)

当 m 为大于等于 1 的整数时，式(5-17)、式(5-24)和式(5-25)所示的一阶、二阶、三阶顺序主子式均为非负数。因此，式(5-12)所示的函数 ϕ 在 X_1、X_2、X_3 空间是外凸的。由于线性变换不改变函数的外凸性，利用式(5-14)所示的线性变换可以推导出式(5-10)所示新本构模型的前两项之和是外凸的。

经过类似的线性变换可分别推导出新本构模型的第三项和第四项也是外凸的。多个凸函数之和仍为凸函数[29, 36]。因此，当 m 为大于等于 1 的整数时，新本构模型的外凸性可自然满足。

5.3.3 新本构模型的系数确定

新本构模型中含有 10 个系数，需通过 10 个试验数据点确定。推荐采用如下试验数据：①与管坯轴向(或板坯轧制方向)成 0°、45°、90°时单向拉伸屈服应力 σ_φ 和厚向异性系数 r_φ；②等双拉应力状态下的屈服应力 σ_b 和双轴各向异性系数 r_b；③等拉压应力状态下的屈服应力 σ_{-b} 和双轴各向异性系数 r_{-b}。

对于与管坯轴向(或板坯轧制方向)成 φ 角方向上的单向拉伸屈服应力 σ_φ 可转换为材料各向异性主轴上的应力分量，见式(2-9)。

将式(2-9)代入到式(5-10)可得

$$\left(K_1^\varphi + K_2^\varphi\right)^{2m} + \left(K_1^\varphi - K_2^\varphi\right)^{2m} + \left(2K_3^\varphi\right)^{2m} + \left(2K_4^\varphi\right)^{2m} = 2\sigma_i^{2m}/\sigma_\varphi^{2m} \quad (5\text{-}26)$$

式中

$$\begin{cases} K_1^\varphi = \frac{1}{2}\left(b\cos^2\varphi + c\sin^2\varphi\right) \\ K_2^\varphi = \sqrt{\left(\frac{d\cos^2\varphi - e\sin^2\varphi}{2}\right)^2 + p^2\cos^2\varphi\sin^2\varphi} \\ K_3^\varphi = \frac{1}{2}\left(a\cos^2\varphi + h\sin^2\varphi\right) \\ K_4^\varphi = \sqrt{\left(\frac{f\cos^2\varphi - g\sin^2\varphi}{2}\right)^2 + q^2\cos^2\varphi\sin^2\varphi} \end{cases} \quad (5\text{-}27)$$

利用三个单轴屈服应力试验数据，可得到

$$\begin{cases} \varphi = 0°, \ \sigma_\varphi = \sigma_0 \\ \varphi = 45°, \ \sigma_\varphi = \sigma_{45} \\ \varphi = 90°, \ \sigma_\varphi = \sigma_{90} \\ \sigma_0 = \sigma_i \end{cases} \tag{5-28}$$

对于等双拉应力状态，有

$$\sigma_{11} = \sigma_{22} = \sigma_b, \quad \sigma_{12} = 0 \tag{5-29}$$

将式(5-29)代入式(5-10)中可得

$$\left(K_1^b + K_2^b\right)^{2m} + \left(K_1^b - K_2^b\right)^{2m} + \left(2K_3^b\right)^{2m} + \left(2K_4^b\right)^{2m} = 2\sigma_i^{2m}/\sigma_b^{2m} \tag{5-30}$$

而

$$K_1^b = \frac{1}{2}(b+c), \quad K_2^b = \frac{|d-e|}{2}, \quad K_3^b = \frac{1}{2}(a+h), \quad K_4^b = \frac{|f-g|}{2} \tag{5-31}$$

对于等拉压应力状态，有

$$-\sigma_{11} = \sigma_{22} = \sigma_{-b} > 0, \quad \sigma_{12} = 0 \tag{5-32}$$

将式(5-32)代入式(5-10)中可得

$$\left(K_1^{-b} + K_2^{-b}\right)^{2m} + \left(K_1^{-b} - K_2^{-b}\right)^{2m} + \left(2K_3^{-b}\right)^{2m} + \left(2K_4^{-b}\right)^{2m} = 2\sigma_i^{2m}/\sigma_{-b}^{2m} \tag{5-33}$$

而

$$\begin{cases} K_1^{-b} = \frac{1}{2}(c-b) \\ K_2^{-b} = \frac{|d+e|}{2} \\ K_3^{-b} = \frac{1}{2}(h-a) \\ K_4^{-b} = \frac{|f+g|}{2} \end{cases} \tag{5-34}$$

对于与管坯轴向(或板坯轧制方向)成 φ 角方向上的厚向异性系数 r_φ 表示为

$$r_\varphi = \frac{\mathrm{d}\varepsilon_\varphi^p}{\mathrm{d}\varepsilon_{11}^p + \mathrm{d}\varepsilon_{22}^p} - 1 \tag{5-35}$$

式中，$\mathrm{d}\varepsilon_\varphi^p$ 为 φ 方向上的塑性应变增量，可表示为

$$d\varepsilon_\varphi^p = d\varepsilon_{11}^p \cos^2\varphi + d\varepsilon_{22}^p \sin^2\varphi + d\gamma_{12}^p \sin\varphi\cos\varphi \tag{5-36}$$

将式(5-10)代入 Drucker 流动准则可得

$$\sigma_i \lambda = \sum \sigma_{xy} d\varepsilon_{xy}^p = \sigma_\varphi d\varepsilon_\varphi^p \tag{5-37}$$

根据式(5-36)和式(5-37)，式(5-35)可重写为

$$r_\varphi = \frac{\sigma_i}{\sigma_\varphi(\partial\sigma_i/\partial\sigma_{11} + \partial\sigma_i/\partial\sigma_{22})} - 1 \tag{5-38}$$

而

$$\begin{cases} \dfrac{\partial\sigma_i}{\partial\sigma_{11}} = \dfrac{\partial\sigma_i}{\partial K_1}\cdot\dfrac{\partial K_1}{\partial\sigma_{11}} + \dfrac{\partial\sigma_i}{\partial K_2}\cdot\dfrac{\partial K_2}{\partial\sigma_{11}} + \dfrac{\partial\sigma_i}{\partial K_3}\cdot\dfrac{\partial K_3}{\partial\sigma_{11}} + \dfrac{\partial\sigma_i}{\partial K_4}\cdot\dfrac{\partial K_4}{\partial\sigma_{11}} \\ \dfrac{\partial\sigma_i}{\partial\sigma_{22}} = \dfrac{\partial\sigma_i}{\partial K_1}\cdot\dfrac{\partial K_1}{\partial\sigma_{22}} + \dfrac{\partial\sigma_i}{\partial K_2}\cdot\dfrac{\partial K_2}{\partial\sigma_{22}} + \dfrac{\partial\sigma_i}{\partial K_3}\cdot\dfrac{\partial K_3}{\partial\sigma_{22}} + \dfrac{\partial\sigma_i}{\partial K_4}\cdot\dfrac{\partial K_4}{\partial\sigma_{22}} \end{cases} \tag{5-39}$$

将 F_φ 表示为

$$F_\varphi = \left\{\frac{1}{2}\left[\left(K_1^\varphi + K_2^\varphi\right)^{2m} + \left(K_1^\varphi - K_2^\varphi\right)^{2m} + \left(2K_3^\varphi\right)^{2m} + \left(2K_4^\varphi\right)^{2m}\right]\right\}^{\frac{1}{2m}} \tag{5-40}$$

对式(5-10)求导，并代入式(5-40)可得

$$\begin{cases} \dfrac{\partial\sigma_i}{\partial K_1} = \dfrac{1}{2F_\varphi^{2m-1}}\left[\left(K_1^\varphi + K_2^\varphi\right)^{2m-1} + \left(K_1^\varphi - K_2^\varphi\right)^{2m-1}\right], & \dfrac{\partial\sigma_i}{\partial K_3} = \dfrac{1}{F_\varphi^{2m-1}}\left(2K_3^\varphi\right)^{2m-1} \\ \dfrac{\partial\sigma_i}{\partial K_2} = \dfrac{1}{2F_\varphi^{2m-1}}\left[\left(K_1^\varphi + K_2^\varphi\right)^{2m-1} - \left(K_1^\varphi - K_2^\varphi\right)^{2m-1}\right], & \dfrac{\partial\sigma_i}{\partial K_4} = \dfrac{1}{F_\varphi^{2m-1}}\left(2K_4^\varphi\right)^{2m-1} \end{cases} \tag{5-41}$$

$$\begin{cases} \dfrac{\partial K_1}{\partial\sigma_{11}} = \dfrac{b}{2}, & \dfrac{\partial K_2}{\partial\sigma_{11}} = \dfrac{d}{4}\dfrac{d\cos^2\varphi - e\sin^2\varphi}{K_2^\varphi} \\ \dfrac{\partial K_3}{\partial\sigma_{11}} = \dfrac{a}{2}, & \dfrac{\partial K_4}{\partial\sigma_{11}} = \dfrac{f}{4}\dfrac{f\cos^2\varphi - g\sin^2\varphi}{K_4^\varphi} \\ \dfrac{\partial K_1}{\partial\sigma_{22}} = \dfrac{c}{2}, & \dfrac{\partial K_2}{\partial\sigma_{22}} = \dfrac{-e}{4}\dfrac{d\cos^2\varphi - e\sin^2\varphi}{K_2^\varphi} \\ \dfrac{\partial K_3}{\partial\sigma_{22}} = \dfrac{h}{2}, & \dfrac{\partial K_4}{\partial\sigma_{22}} = \dfrac{-g}{4}\dfrac{f\cos^2\varphi - g\sin^2\varphi}{K_4^\varphi} \end{cases} \tag{5-42}$$

式(5-38)可重写为

$$r_\varphi = \frac{F_\varphi}{\sum \partial \sigma_i / \partial K_x \left(\partial K_x / \partial \sigma_{11} + \partial K_x / \partial \sigma_{22} \right)} - 1 \bigg|_{x=1,2,3,4} \quad (5\text{-}43)$$

利用三个单轴 r 值试验数据，可得到

$$\begin{cases} \varphi=0°, \ r_\varphi = r_0 \\ \varphi=45°, \ r_\varphi = r_{45} \\ \varphi=90°, \ r_\varphi = r_{90} \end{cases} \quad (5\text{-}44)$$

对于等双拉应力状态，双轴各向异性系数 r_b 可表示为

$$r_b = \frac{d\varepsilon_{22}^p}{d\varepsilon_{11}^p} = \frac{\partial \sigma_i / \partial \sigma_{22}}{\partial \sigma_i / \partial \sigma_{11}} \bigg|_{\sigma_{11}=\sigma_{22}=\sigma_b, \ \sigma_{12}=0} \quad (5\text{-}45)$$

将式(5-39)代入式(5-45)中可得

$$r_b = \frac{\dfrac{c}{4}t_1^b + \dfrac{e^2-de}{8K_2^b}t_2^b + \dfrac{h}{2}\left(2K_3^b\right)^{2m-1} + \dfrac{g^2-fg}{4K_4^b}\left(2K_4^b\right)^{2m-1}}{\dfrac{b}{4}t_1^b + \dfrac{d^2-de}{8K_2^b}t_2^b + \dfrac{a}{2}\left(2K_3^b\right)^{2m-1} + \dfrac{f^2-fg}{4K_4^b}\left(2K_4^b\right)^{2m-1}} \quad (5\text{-}46)$$

而

$$\begin{cases} t_1^b = \left(K_1^b + K_2^b\right)^{2m-1} + \left(K_1^b - K_2^b\right)^{2m-1} \\ t_2^b = \left(K_1^b + K_2^b\right)^{2m-1} - \left(K_1^b - K_2^b\right)^{2m-1} \end{cases} \quad (5\text{-}47)$$

对于等拉压应力状态，双轴各向异性系数 r_{-b} 可表示为

$$r_{-b} = \frac{d\varepsilon_{22}^p}{d\varepsilon_{11}^p} = \frac{\partial \sigma_i / \partial \sigma_{22}}{\partial \sigma_i / \partial \sigma_{11}} \bigg|_{-\sigma_{11}=\sigma_{22}=\sigma_{-b}, \ \sigma_{12}=0} \quad (5\text{-}48)$$

将式(5-39)代入式(5-48)中可得

$$r_{-b} = \frac{\dfrac{c}{4}t_1^b + \dfrac{e^2+de}{8K_2^b}t_2^b + \dfrac{h}{2}\left(2K_3^b\right)^{2m-1} + \dfrac{g^2+fg}{4K_4^b}\left(2K_4^b\right)^{2m-1}}{\dfrac{b}{4}t_1^b - \dfrac{d^2+de}{8K_2^b}t_2^b + \dfrac{a}{2}\left(2K_3^b\right)^{2m-1} - \dfrac{f^2+fg}{4K_4^b}\left(2K_4^b\right)^{2m-1}} \quad (5\text{-}49)$$

而

$$\begin{cases} t_1^{-b} = \left(K_1^{-b} + K_2^{-b}\right)^{2m-1} + \left(K_1^{-b} - K_2^{-b}\right)^{2m-1} \\ t_2^{-b} = \left(K_1^{-b} + K_2^{-b}\right)^{2m-1} - \left(K_1^{-b} - K_2^{-b}\right)^{2m-1} \end{cases} \quad (5\text{-}50)$$

由式(5-28)、式(5-30)、式(5-33)、式(5-44)、式(5-46)和式(5-49)组成了含有模型系数 a、b、c、d、e、f、g、h、p、q 的非线性方程组。通过数值迭代法求解方程组可得到这些模型系数的解。但是，非线性方程组收敛性受初始值影响较大。采用误差函数最小化法可解决这一问题。式(5-51)为构造的误差函数。利用式(5-52)得到使误差最小化的模型系数，所采用的算法为下山单纯形法。

$$\begin{aligned} \text{Err} = & \left(\frac{r_0^{\text{cal}}}{r_0^{\text{exp}}} - 1\right)^2 + \left(\frac{r_{45}^{\text{cal}}}{r_{45}^{\text{exp}}} - 1\right)^2 + \left(\frac{r_{90}^{\text{cal}}}{r_{90}^{\text{exp}}} - 1\right)^2 + \left(\frac{r_b^{\text{cal}}}{r_b^{\text{exp}}} - 1\right)^2 + \left(\frac{r_{-b}^{\text{cal}}}{r_{-b}^{\text{exp}}} - 1\right)^2 \\ & + \left(\frac{\sigma_0^{\text{cal}}}{\sigma_0^{\text{exp}}} - 1\right)^2 + \left(\frac{\sigma_{45}^{\text{cal}}}{\sigma_{45}^{\text{exp}}} - 1\right)^2 + \left(\frac{\sigma_{90}^{\text{cal}}}{\sigma_{90}^{\text{exp}}} - 1\right)^2 + \left(\frac{\sigma_b^{\text{cal}}}{\sigma_b^{\text{exp}}} - 1\right)^2 + \left(\frac{\sigma_{-b}^{\text{cal}}}{\sigma_{-b}^{\text{exp}}} - 1\right)^2 \end{aligned} \quad (5\text{-}51)$$

式中，cal、exp 分别表示理论计算值和试验结果。

$$(a,b,c,d,e,f,g,h,p,q) = \min(\text{Err}) \quad (5\text{-}52)$$

5.3.4 新本构模型的预测特性

提出新本构模型的目的，是解决"拉-拉"和"拉-压"应力状态下各向异性塑性变形行为无法同时准确描述的问题，因此下面将重点讨论新本构模型能否解决该问题。等双拉屈服应力 σ_b 和等双拉各向异性系数 r_b 是表征"拉-拉"应力状态下塑性变形特性的代表性试验数据；等拉压屈服应力 σ_{-b} 和等拉压各向异性系数 r_{-b} 是表征"拉-压"应力状态下塑性变形特性的代表性试验数据。因此，根据这些参数对理论预测屈服轨迹和塑性流动方向的影响来讨论本构模型的预测特性。

1. 本构模型的屈服行为预测特性

图 5-13 所示为归一化屈服应力参数 σ_b' 和 σ_{-b}' 取不同值时，Yld2000-2d 模型的理论预测屈服轨迹。确定模型所用参数的默认值为：$\sigma_1' = \sigma_2' = \sigma_b' = 1.0$，$\sigma_{-b}' = -0.577$，$r_1 = r_2 = r_b = 1.0$，$r_{-b} = -1.0$。由图 5-13(a)可以看出，"拉-拉"应力状态下的屈服轨迹随参数 σ_b' 变化而灵活变化。这表明 Yld2000-2d 模型具备预测"拉-拉"应力状态下不同屈服特征的能力。而在"拉-压"应力状态下 Yld2000-2d 模型所预测的屈服轨迹基本固定。因此，"拉-压"应力状态下的不同屈服特征难以准确预测。为

准确反映"拉-压"应力状态下的屈服特征,可以用参数 σ'_{-b} 代替参数 σ'_{b} 确定本构模型,如图 5-13(b)所示。可以看出,"拉-压"应力状态下的屈服轨迹随参数 σ'_{-b} 灵活变化,因而模型有能力反映材料在"拉-压"应力状态下可能呈现的不同屈服特性。然而,"拉-拉"应力状态下的预测结果对参数 σ'_{-b} 的变化异常敏感。因此,仅由"拉-压"应力状态下数据确定的 Yld2000-2d 模型也难以准确预测"拉-拉"应力状态下的屈服行为。这一现象与 5.1 节中 Yld2000-2d 模型的试验验证结果一致。

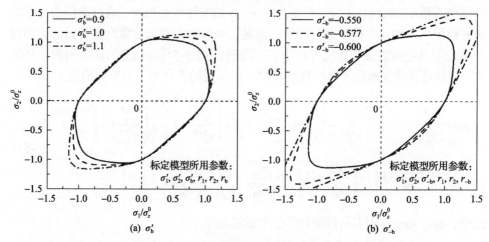

图 5-13　不同屈服应力参数确定的 Yld2000-2d 模型理论预测屈服轨迹

图 5-14 所示为采用不同归一化屈服应力参数 σ'_{b} 和 σ'_{-b} 时新本构模型的理论屈服轨迹。确定模型所用参数的默认值为:$\sigma'_{1}=\sigma'_{2}=\sigma'_{b}=1.0$,$\sigma'_{-b}=-0.577$,$r_1=r_2=r_b=1.0$,$r_{-b}=-1.0$。由图 5-14(a)可知,"拉-拉"应力状态下屈服轨迹随参数 σ'_{b} 变化而灵活变化,而对"拉-压"应力状态下的预测结果影响较小。由图 5-14(b)

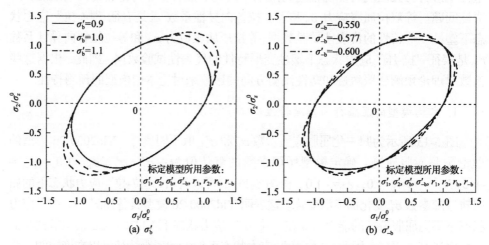

图 5-14　不同屈服应力参数确定的新本构模型理论预测屈服轨迹

可以看出,"拉-压"应力状态下屈服轨迹随参数 σ'_{-b} 变化而灵活变化。同时参数 σ'_{-b} 对"拉-拉"应力状态下的屈服轨迹也存在影响,但影响比 Yld2000-2d 模型小得多,如图 5-13(b) 和图 5-14(b) 所示。这表明,新模型在"拉-拉"和"拉-压"应力状态下比 Yld2000-2d 模型具有更高的灵活性,这为同时准确预测"拉-拉"和"拉-压"应力状态下的屈服行为提供了可能。

2. 本构模型的流动行为预测特性

图 5-15 所示为采用不同各向异性系数 r_b 和 r_{-b} 时 Yld2000-2d 模型预测的塑性流动方向。由图 5-15(a) 可看出,参数 r_b 变化时"拉-拉"应力状态下塑性流动方向随之改变,这表明 Yld2000-2d 模型具备预测"拉-拉"应力状态下不同塑性流动特征的能力。但是,在"拉-压"应力状态下预测的塑性流动方向几乎不变。因此,Yld2000-2d 模型难以预测"拉-压"应力状态下可能呈现出的不同塑性流动特征。为准确反映"拉-压"应力状态下的塑性流动特征,用参数 r_{-b} 代替参数 r_b 确定本构模型。由图 5-15(b) 可以看出,参数 r_{-b} 可以影响"拉-压"应力状态下的塑性流动方向,因而模型可反映材料在"拉-压"应力状态下的不同塑性流动特征。但是,"拉-拉"应力状态下预测的塑性流动方向对参数 r_{-b} 的变化异常敏感,如图 5-15(b) 所示。这表明,由"拉-压"应力状态下数据确定的 Yld2000-2d 模型难以准确预测"拉-拉"应力状态下的塑性流动方向。这与 5.1 节关于 Yld2000-2d 模型的试验验证结果一致。

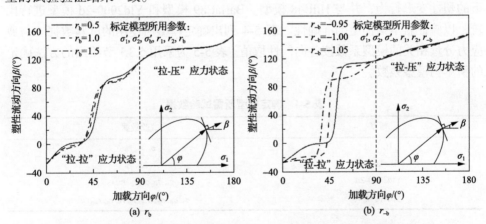

图 5-15　不同各向异性系数确定的 Yld2000-2d 模型理论预测塑性流动方向

图 5-16 所示为采用不同各向异性系数 r_b 和 r_{-b} 时新本构模型预测的塑性流动方向。"拉-拉"应力状态下的塑性流动方向随参数 r_b 变化而变化,而"拉-压"应力状态下的塑性流动方向几乎无变化,如图 5-16(a) 所示。参数 r_{-b} 可改变"拉-压"应力状态下预测的塑性流动方向,如图 5-16(b) 所示。虽然参数 r_{-b} 对"拉-拉"应力状态下预测的塑性流动方向也存在影响,但相比于 Yld2000-2d 模型小

得多，如图 5-15(b)和图 5-16(b)所示。这表明，新模型在预测"拉-拉"和"拉-压"应力状态下的塑性流动方向时比 Yld2000-2d 模型具有更高的灵活性。

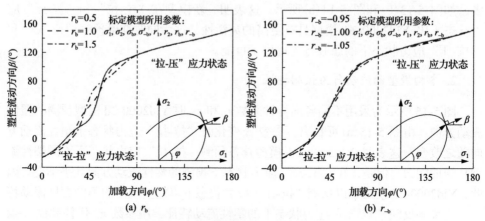

图 5-16 不同各向异性系数确定的新本构模型理论预测塑性流动方向

5.3.5 新本构模型准确性验证

1. 本构模型的系数确定

将新本构模型用于预测 5.1 节 AA6061-O 薄壁管"拉-拉"、"拉-压"应力状态下的塑性变形行为，并与 Hill'48 模型、Barlat'89 模型和 Yld2000-2d 模型进行比较，以验证新本构模型的准确性。表 5-4 列出确定模型所使用的试验数据。与剪应力分量相关的模型系数按各向同性取值。表 5-5 为采用 5.3.1 节给出的方法确定的新本构模型系数。

表 5-4 确定模型所需试验数据

模型	试验数据
Hill'48	σ_z, r_z, r_θ
Barlat'89	σ_z, r_z, r_θ
Yld2000-2d	$\sigma_z, \sigma_\theta, \sigma_b, r_z, r_\theta, r_b$
新本构模型	$\sigma_z, \sigma_\theta, \sigma_b, \sigma_{-b}, r_z, r_\theta, r_b, r_{-b}$

表 5-5 应用于 AA6061-O 薄壁管的新本构模型的系数

ε_0^p	a	b	c	d	e	f	g	h
0.002	0.88708	0.93136	0.68110	1.14266	1.36401	0.83080	0.94093	0.19040
0.010	0.86072	0.94198	0.64922	1.16942	1.38492	0.78200	0.94516	0.22809
0.020	0.87060	0.93366	0.66536	1.15735	1.36857	0.80585	0.93844	0.20069
0.035	0.86365	0.93497	0.65868	1.16493	1.37274	0.79345	0.93907	0.20757
0.060	0.87337	0.92818	0.67148	1.13897	1.34700	0.81755	0.92940	0.18582

2. 屈服行为预测准确性

图 5-17 所示为新本构模型的理论屈服轨迹与试验结果，以及与 Hill'48 模型、Barlat'89 模型和 Yld2000-2d 模型预测结果的比较。从图 5-17(a) 可以看出，Hill'48

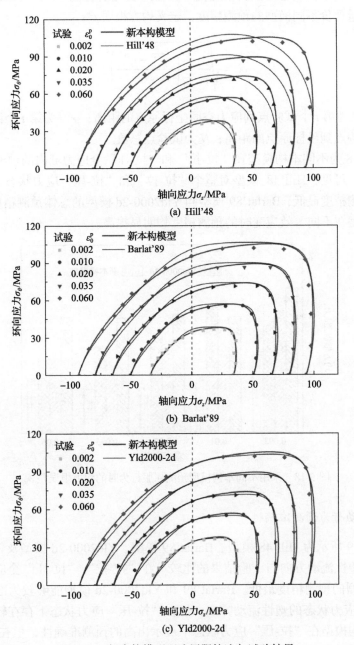

图 5-17 新本构模型理论屈服轨迹与试验结果

模型在"拉-拉"和"拉-压"两类应力状态下的屈服轨迹均明显偏离试验结果，预测精度远低于新本构模型。与 Hill'48 模型相比，Barlat'89 模型和 Yld2000-2d 模型的预测精度较高，如图 5-17(b)和(c)所示。而与 Barlat'89 模型和 Yld2000-2d 模型相比，新本构模型的预测精度在"拉-压"区略有提高。

为定量评价不同模型的预测精度，定义均方根误差：

$$\delta_y = \sqrt{\frac{1}{N}\sum_{i=1}^{N}\left(\frac{r_i^{\exp} - r_i^{\mathrm{cal}}}{r_i^{\exp}}\right)^2} \qquad (5\text{-}53)$$

式中，$r_i^{\exp}$ 为第 i 个试验点到应力空间坐标原点的距离；r_i^{cal} 为第 i 个试验点的理论屈服轨迹点到坐标原点的距离；N 为试验点总数。

图 5-18 为不同本构模型在"拉-拉"和"拉-压"全应力域内的预测误差 δ_y 的计算结果。可见，Hill'48 模型对整个"拉-拉"和"拉-压"应力状态下屈服行为的总体预测精度最低，Barlat'89 模型和 Yld2000-2d 模型的总体预测精度相当，而新本构模型在不同等效应变时的预测精度均明显提高。

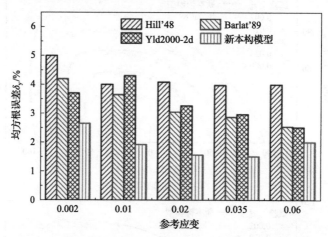

图 5-18　采用不同本构模型预测屈服行为时的均方根误差 δ_y

3. 流动行为预测准确性

图 5-19 所示为 Hill'48 模型、Barlat'89 模型、Yld2000-2d 模型及新本构模型理论预测塑性流动方向与试验结果的比较。在"拉-拉"、"拉-压"全应力域内，Hill'48 模型的预测精度最低。Barlat'89 和 Yld2000-2d 模型能够较为准确地预测"拉-拉"应力状态的塑性流动方向，但在"拉-压"应力状态下存在较大预测偏差。新本构模型在"拉-压"应力状态下展示出高的预测准确性，但在"拉-拉"应力状态下的预测精度略低于 Yld2000-2d 模型。总体而言，新本构模型对于塑性

流动方向预测准确性在"拉-压"区优于常用的几种模型。

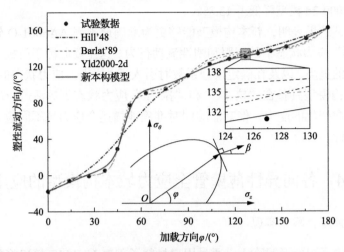

图 5-19 不同本构模型预测的塑性流动方向与试验结果对比

为定量评价不同本构模型预测塑性流动方向时的准确性，采用式(5-54)定义平均绝对误差 $\Delta\beta$：

$$\Delta\beta = \frac{1}{N}\sum_{i=1}^{N}\left|\beta_i^{\text{exp}} - \beta_i^{\text{cal}}\right| \tag{5-54}$$

式中，β_i^{exp} 为第 i 个试验点的塑性流动方向；β_i^{cal} 为第 i 个试验点加载条件下的理论塑性流动方向。

图 5-20 为不同本构模型在"拉-拉"和"拉-压"全应力域内预测塑性流动方向时的 $\Delta\beta$ 计算结果。Hill'48 模型的预测误差最大，达到 5.64°；Barlat'89 和 Yld2000-2d

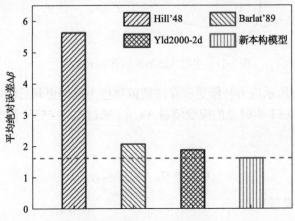

图 5-20 不同本构模型预测塑性流动行为时的平均绝对误差 $\Delta\beta$

模型的预测误差都远小于 Hill'48 模型。新本构模型的预测误差最小，仅为 1.63°，相比于 Yld2000-2d 模型降低了 13.8%。

上述验证结果表明，新本构模型能够更为准确地预测 AA6061-O 铝合金薄壁管在"拉-压"应力状态下的屈服和塑性流动行为。这主要归因于所提出新本构模型预测能力的提高，以及在确定模型系数时引入了"拉-压"应力状态的试验数据。新构建的本构模型具备在"拉-拉"和"拉-压"应力状态下灵活适应屈服轨迹和塑性流动方向变化的能力，使其能够同时准确地描述全应力域不同应力状态下的塑性变形特性。

5.4 各向异性薄壁管全应力域本构模型的应用

5.4.1 本构模型有限元实现

基于半隐式图形返回算法，通过用户材料子程序 VUMAT 接口将新本构模型集成到商用有限元软件中。算法包括弹性预测步及塑性调整步。在弹性预测步中，产生一个试探应力偏离屈服表面，然后经过塑性调整步去除试探应力中弹性部分，使弹性预测步的偏移应力返回更新后的屈服面上，其过程如图 5-21 所示[37]。

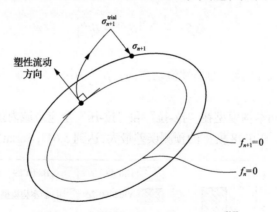

图 5-21　半隐式图形返回算法示意图[37]

采用图 5-22 所示应力补偿更新算法使偏移应力返回更新后的屈服面上。根据边界条件算出第 $n+1$ 步时总的应变增量 $\Delta \varepsilon_{n+1}$，通过式(5-55)计算出一个试探应力 $\sigma_{n+1}^{\text{trail}}$：

$$\sigma_{n+1}^{\text{trail}} = \sigma_n + C : \Delta \varepsilon_{n+1} \tag{5-55}$$

式中，C 为弹性模量矩阵。

试探应力 $\sigma_{n+1}^{\text{trail}}$ 是假定总应变增量 $\Delta \varepsilon_{n+1}$ 均为弹性应变时计算得到的结果。经

过判断，若此时仍处于弹性状态，即式(5-56)成立，则式(5-55)所计算的试探应力即表示当前的应力状态。

$$f_{n+1} = f\left(\sigma_{n+1}^{\text{trail}}, \bar{\varepsilon}_n^{\text{p}}\right) \leqslant 0 \tag{5-56}$$

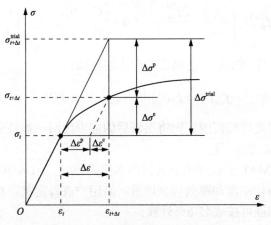

图 5-22　应力补偿更新算法示意图

若式(5-56)不成立，表示已进入塑性状态，则总应变增量包含弹性和塑性两部分，即

$$\Delta \varepsilon_{n+1} = \Delta \varepsilon_{n+1}^{\text{p}} + \Delta \varepsilon_{n+1}^{\text{e}} \tag{5-57}$$

因此，试探应力可写为

$$\begin{aligned}\boldsymbol{\sigma}_{n+1}^{\text{trail}} &= \boldsymbol{\sigma}_n + \boldsymbol{C}:\left(\Delta \boldsymbol{\varepsilon}_{n+1}^{\text{p}} + \Delta \boldsymbol{\varepsilon}_{n+1}^{\text{e}}\right) = \boldsymbol{\sigma}_n + \boldsymbol{C}:\Delta \boldsymbol{\varepsilon}_{n+1}^{\text{e}} + \boldsymbol{C}:\Delta \boldsymbol{\varepsilon}_{n+1}^{\text{p}} \\ &= \boldsymbol{\sigma}_{n+1} + \boldsymbol{C}:\Delta \boldsymbol{\varepsilon}_{n+1}^{\text{p}} = \boldsymbol{\sigma}_{n+1} + \Delta \boldsymbol{\sigma}_{n+1}^{\text{p}}\end{aligned} \tag{5-58}$$

式中，$\Delta \boldsymbol{\sigma}_{n+1}^{\text{p}}$ 为塑性修正量。

试探应力 $\boldsymbol{\sigma}_{n+1}^{\text{trail}}$ 减去塑性修正量得到更新后的应力：

$$\boldsymbol{\sigma}_{n+1}^{(1)} = \boldsymbol{\sigma}_{n+1}^{\text{trail}} - \boldsymbol{C}:\Delta \boldsymbol{\varepsilon}_{n+1}^{\text{p}} = \boldsymbol{\sigma}_{n+1}^{\text{trail}} - \Delta \lambda_{n+1}^{(0)} \boldsymbol{C}:\boldsymbol{r}_n \tag{5-59}$$

式中，$\Delta \lambda_{n+1}^{(0)}$ 为第 0 次迭代时的塑性应变增量；$\boldsymbol{r}_n$ 为塑性流动方向，$\boldsymbol{r}_n = \partial f / \partial \boldsymbol{\sigma}_n$。

第 k 次迭代后，有

$$\boldsymbol{\sigma}_{n+1}^{(k+1)} = \boldsymbol{\sigma}_{n+1}^{(k)} - \Delta \lambda_{n+1}^{(k)} \boldsymbol{C}:\boldsymbol{r}_n \tag{5-60}$$

$$\bar{\varepsilon}_{n+1}^{\text{p}(k+1)} = \bar{\varepsilon}_{n+1}^{\text{p}(k)} + \Delta \lambda_{n+1}^{(k)} \tag{5-61}$$

式中，

$$\Delta \lambda_{n+1}^{(k)} = \frac{f_{n+1}^{(k)}}{\partial f_{n+1}^{(k)} : A : \tilde{r}_n} \tag{5-62}$$

$$\partial f_{n+1}^{(k)} = \left[\frac{\partial f_{n+1}^{(k)}}{\partial \sigma_n}, \frac{\partial f_{n+1}^{(k)}}{\partial \varepsilon_{n+1}^{p(k)}} \right], \quad A = \begin{bmatrix} C & 0 \\ 0 & -1 \end{bmatrix}, \quad \tilde{r}_n = \begin{bmatrix} r_n \\ 1 \end{bmatrix} \tag{5-63}$$

利用一致性条件判断是否达到误差允许的范围：

$$f_{n+1}^{(k+1)} = f(\sigma_{n+1}^{(k+1)}, \quad \overline{\varepsilon}_{n+1}^{p(k+1)}) < \text{TOL} \tag{5-64}$$

如果达到误差允许的范围，则将更新后的应力传回，如果未达到误差允许范围，则重复式(5-60)的过程。

采用调用 VUMAT 子程序的方式使用本构模型时，ABAQUS/Explicit 不能计算壳单元的横向剪切刚度和厚向应变增量，需用户进行定义。对于横截面均匀的壳体，横向剪切刚度可按式(5-65)计算：

$$\begin{cases} K_{11}^{ts} = \frac{5}{6} G t_0 \\ K_{22}^{ts} = \frac{5}{6} G t_0 \\ K_{12}^{ts} = 0 \end{cases} \tag{5-65}$$

式中，G 为剪切刚度，$G = E/(2+2\nu)$。

厚向应变增量包括弹性应变和塑性应变两部分，即

$$\Delta \varepsilon_3 = \Delta \varepsilon_3^e + \Delta \varepsilon_3^p \tag{5-66}$$

根据广义胡克定律可得

$$\Delta \varepsilon_3^e = -\frac{\nu}{E} (\Delta \sigma_1 + \Delta \sigma_2) \tag{5-67}$$

则

$$\begin{aligned}
\Delta \varepsilon_3 &= -\frac{\nu}{E} (\Delta \sigma_1 + \Delta \sigma_2) + \Delta \varepsilon_3^p = -\frac{\nu}{E} (\Delta \sigma_1 + \Delta \sigma_2) - \Delta \varepsilon_1^p - \Delta \varepsilon_2^p \\
&= \frac{-\nu}{1-\nu} (\Delta \varepsilon_1 + \Delta \varepsilon_2) - \frac{1-2\nu}{1-\nu} (\Delta \varepsilon_1^p + \Delta \varepsilon_2^p) \\
&= \frac{-\nu}{1-\nu} (\Delta \varepsilon_1 + \Delta \varepsilon_2) - \frac{1-2\nu}{E} (\Delta \sigma_1^p + \Delta \sigma_2^p)
\end{aligned} \tag{5-68}$$

式中，$\Delta\sigma_1^p$、$\Delta\sigma_2^p$ 为 $\Delta\pmb{\sigma}_{n+1}^p$ 在 "1" 和 "2" 方向上的分量。

根据上述算法，采用 FORTRAN 语言将 Hill'48 模型、Barlat'89 模型、Yld2000-2d 模型和新本构模型通过 VUMAT 用户子程序嵌入 ABAQUS 有限元软件中。

5.4.2 内高压成形过程变形行为分析

带轴向补料的薄壁管液压胀形是典型的内高压成形过程，材料变形时将同时出现"拉-拉"和"拉-压"应力状态。为进一步验证新模型的准确性，将对该成形过程进行分析。图 5-23 为带轴向补料的薄壁管液压成形原理图。试样两端分别被约束在左、右模中，通过左、右模沿导轨移动实现轴向补料，由增压器向管坯内充入压力介质。试验时，首先将内压增加到目标值，然后对薄壁管两端施加 2.0mm/min 的轴向进给，直到达到设定补料值。管坯在压力和轴向进给共同作用下发生变形，通过改变胀形区长度和轴向进给量实现不同的加载条件。具体试验参数如表 5-6 所示。

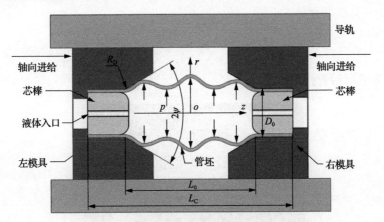

图 5-23 带轴向补料的薄壁管液压成形原理图

表 5-6 带轴向补料的薄壁管内高压成形试验参数

序号	胀形区长度 L_0/mm	$\lambda=L_0/D_0$	模具圆角半径 R_D/mm	半锥角 $\psi/(°)$	轴向进给 S/mm	内压 p/MPa
1	90	1.5	5.0	30	16	3.48
2	120	2.0			18	$(1.6p_s)$

注：p_s 表示薄壁管环向初始屈服时所需内压。

考虑模具和试样的对称性，建立 1/2 模型，如图 5-24 所示。按照表 5-6 所示试验条件施加内压和轴向进给量，并以调用 VUMAT 用户子程序的方式应用 Hill'48 模型、Barlat'89 模型、Yld2000-2d 模型和新本构模型。

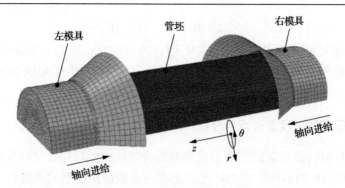

图 5-24 带轴向补料的薄壁管内高压成形的数值模拟模型

图 5-25 所示为不同长径比 λ 和轴向进给量 S 下内高压成形后的管件。长径比 $\lambda=1.5$ 和 $\lambda=2.0$ 时，均形成了 3 个对称分布的皱纹，不同之处在于皱纹形态和间距。为比较不同本构模型对铝合金薄壁管变形行为预测的准确性，提取变形后管件轴向壁厚变化率和轮廓形状。定义壁厚变化率 η，η 的正、负分别表示壁厚增厚和减薄，如式(5-69)所示：

$$\eta = \frac{t-t_0}{t_0} \times 100\% \tag{5-69}$$

式中，t 为成形后管件壁厚。

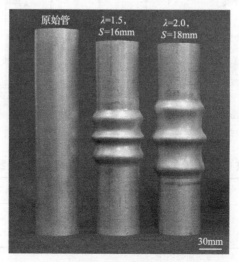

图 5-25 不同长径比和进给量下管坯内高压成形后的管件

图 5-26 所示为内高压成形试件的轴向轮廓及不同本构模型的模拟结果。$\lambda=1.5$ 时，Hill'48 模型和 Barlat'89 模型都低估了左、右两侧皱峰的高度；Hill'48 模型高

估了中间皱峰的高度，Yld2000-2d 模型则低估了中间皱峰的高度。此外，Hill'48 模型无法准确预测管两端皱峰位置，且其预测的波谷形状与试验结果存在较大差异。$\lambda=2.0$ 时，Barlat'89 模型低估了中间皱峰的高度，Hill'48 模型预测的两侧波谷形状明显偏离试验结果，且其预测的管两端皱峰位置明显偏离试验结果，Yld2000-2d 模型预测的波谷形状明显偏离试验结果。在 $\lambda=1.5$、2.0 两种加载条件下，新本构模型都可以准确预测铝合金薄壁管内高压成形试件的轮廓形状。

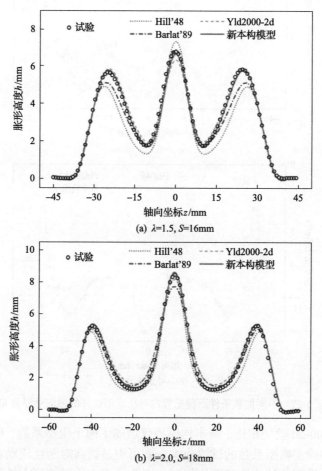

图 5-26 不同加载条件下薄壁管内高压成形试件的轮廓及不同本构模型的模拟结果

图 5-27 所示为内高压成形试件的轴向壁厚减薄率分布。可以看出，新模型可以准确预测两种试验条件下铝合金薄壁管的壁厚变化率。而 Hill'48 模型和 Barlat'89 模型则会出现较大预测误差。虽然 Yld2000-2d 模型预测壁厚变化率的精度高于 Hill'48 模型和 Barlat'89 模型，但明显低于提出的新本构模型。壁厚减薄或增厚情况很大程度上取决于材料塑性流动特性，因此新本构模型能准确预测壁

厚变化率的主要原因之一是其能够准确预测薄壁管在"拉-拉"和"拉-压"应力状态下的塑性流动行为。

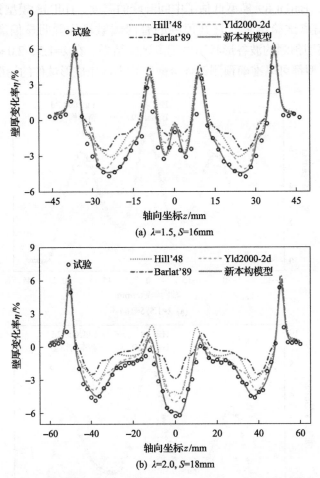

图 5-27　不同加载条件下薄壁管内高压成形试件的轴向壁厚分布

与 Yld2000-2d 模型相比，新本构模型仅增加了两个模型系数，略微增加了模型的复杂性和确定模型系数的试验成本，就可明显提高对塑性流动和屈服的预测精度。同时，模型的外凸性可严格保证。因此，新本构模型可有效解决常用本构模型在"拉-拉"和"拉-压"全应力域存在的问题，为复杂管类构件成形工艺参数制定和优化提供基础。

5.5　基于本构模型的薄壁管各向异性参数测定

各向异性参数具有明确的物理意义，因此成为描述或表征材料各向异性特性的常用方法。但由于薄壁管几何结构的特殊性,无法通过试验直接测试除轴向、环向以外其他方向的各向异性参数。为解决这一问题,下面将介绍一种基于本构模型确定薄壁管面内任意方向各向异性参数的方法[31, 38]。

5.5.1 面内各向异性参数测定理论

本构模型最主要的作用是描述材料在各种应力状态下的塑性变形行为。通过一定数量的试验数据点确定本构模型后,可以预测任意应力状态下的屈服行为和塑性流动行为。基于这一思想,可以先通过标定试验确定材料本构模型,然后利用本构模型获得任意单向应力状态下的各向异性参数,即屈服应力和 r 值。图 5-28 所示为薄壁管任意方向各向异性参数测定过程。

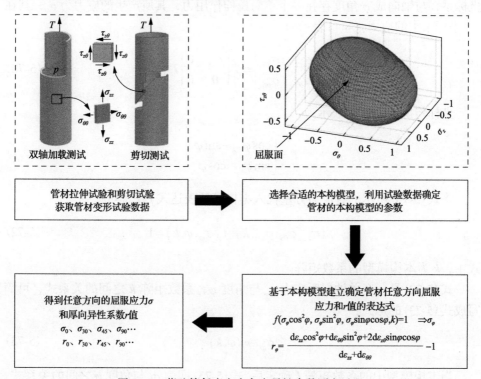

图 5-28 薄壁管任意方向各向异性参数测定过程

为叙述方便,首先对薄壁管的坐标系做出规定。如图 5-29 所示,采用柱坐标系,管材轴向定义为 z 方向,即 ED 方向;管材环向定义为 θ 方向,即 HD 方向;管材厚向定义为 r 方向,即 ND 方向。图 5-29 中,管材上任意一点 A 视为一个微小单元体,过 A 点存在一个唯一的切平面 Ω。在 Ω 平面内建立局部直角坐标系,Ω 平面内过 A 点与管材 ED 方向平行的方向为轴向,记为 x 方向;Ω 平面与轴向垂直的方向平行于管材环向,记为 y 方向;与轴向成 φ 夹角的方向记为 φ 方向。

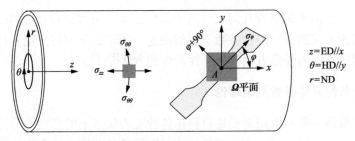

图 5-29 管材坐标系及 φ 方向的定义

任意方向单向拉伸应力可以转换到以材料各向异性主轴为坐标轴的坐标系中。如图 5-29 所示的 z-θ 坐标系即为以管材轴向 z 和环向 θ 为坐标轴构成的一个坐标系，与轴向成 φ 角度存在一个单向拉伸作用力，其所产生的应力为 σ_φ，其在 z-θ 坐标系中的应力张量可表示为

$$\begin{bmatrix} \sigma_{zz} & \sigma_{z\theta} \\ \sigma_{\theta z} & \sigma_{\theta\theta} \end{bmatrix} = T \begin{bmatrix} \sigma_\varphi & 0 \\ 0 & 0 \end{bmatrix} T' \tag{5-70}$$

坐标转换矩阵 T 可表示为

$$T = \begin{bmatrix} \cos\varphi & -\sin\varphi \\ \sin\varphi & \cos\varphi \end{bmatrix} \tag{5-71}$$

将式(5-70)所示的各应力分量代入本构模型表达式 f 中即可得到

$$f(\sigma_{zz}, \sigma_{\theta\theta}, \sigma_{z\theta}, k) = f(\sigma_\varphi, \varphi, k) = 1 \tag{5-72}$$

式中，k 为本构模型的系数矩阵。

式(5-72)是一个单轴屈服应力 σ_φ 与角度 φ、系数矩阵 k 之间的关系式，可简写成式(5-73)的形式：

$$\sigma_\varphi = m(\varphi, k) \tag{5-73}$$

当本构模型中的系数矩阵 k 确定后，式(5-73)即为 σ_φ 与角度 φ 之间的关系式。

各向异性系数或 r 值，其最先提出时是用于评价板材不同方向的塑性变形行为。对于板材，该系数可以通过板材试样的单向拉伸试验测得，其通过式(5-74)定义为

$$r = \varepsilon_w / \varepsilon_t \tag{5-74}$$

式中，ε_w 和 ε_t 为试样宽度和厚度方向的塑性应变。

式(5-74)定义的厚向异性系数描述的是一段塑性变形范围内的塑性变形行

为,在实际问题分析中,往往需要定义一个瞬时厚向异性系数来表示实时的材料特性。根据式(5-74),瞬时厚向异性系数为拉伸试样的宽度方向与厚度方向的塑性应变增量之比。

$$r_\varphi = \frac{\mathrm{d}\varepsilon_{\varphi+90}}{\mathrm{d}\varepsilon_t} \tag{5-75}$$

式中,$\mathrm{d}\varepsilon_{\varphi+90}$、$\mathrm{d}\varepsilon_t$ 分别为 φ 方向单向拉伸试验时宽度方向和厚向的塑性应变增量。

考虑到不可压缩条件以及材料主轴方向上应变增量分量的表达式,可得

$$\begin{cases} \mathrm{d}\varepsilon_\varphi = \mathrm{d}\varepsilon_z \cos^2\varphi + \mathrm{d}\varepsilon_\theta \sin^2\varphi + \mathrm{d}\gamma_{z\theta}\sin\varphi\cos\varphi \\ \mathrm{d}\varepsilon_t = -(\mathrm{d}\varepsilon_z + \mathrm{d}\varepsilon_\theta) \end{cases} \tag{5-76}$$

根据式(5-75)、式(5-76)可得到 φ 方向的厚向异性系数 r_φ 的表达式为

$$r_\varphi = \frac{\mathrm{d}\varepsilon_z \cos^2\varphi + \mathrm{d}\varepsilon_\theta \sin^2\varphi + \mathrm{d}\gamma_{z\theta}\sin\varphi\cos\varphi}{\mathrm{d}\varepsilon_z + \mathrm{d}\varepsilon_\theta} - 1 \tag{5-77}$$

式(5-77)中各塑性应变增量可由式(5-78)计算得到

$$\begin{cases} \mathrm{d}\varepsilon_z = \mathrm{d}\lambda \dfrac{\partial f}{\partial \sigma_z} \\ \mathrm{d}\varepsilon_\theta = \mathrm{d}\lambda \dfrac{\partial f}{\partial \sigma_\theta} \\ \mathrm{d}\gamma_{z\theta} = \mathrm{d}\lambda \dfrac{\partial f}{\partial \sigma_{z\theta}} \end{cases} \tag{5-78}$$

矩阵 k 确定后,即可得到某一确定角度 φ 上的厚向异性系数 r_φ,如常用的 r_0、r_{45}、r_{90}。

第 2 章及第 4 章都给出了薄壁板材面内不同方向上各向异性参数的预测方法。由于薄壁管材的坐标系与薄壁板材不同,为了便于讨论,下面给出基于常用各向异性本构模型预测各向异性参数的表达式。

1. Hill'48 本构模型

将式(5-70)所示的各应力分量代入 Hill'48 模型中可得

$$\begin{aligned} &(G+H)\left(\sigma_\varphi \cos^2\varphi\right)^2 - 2H\sigma_\varphi^2 \cos^2\varphi \sin^2\varphi + (F+H)\left(\sigma_\varphi \sin^2\varphi\right)^2 \\ &+ 2N\left(\sigma_\varphi \sin\varphi\cos\varphi\right)^2 = 1 \end{aligned} \tag{5-79}$$

求解式(5-79)，可得基于 Hill'48 模型的单轴屈服应力 σ_φ 测定模型：

$$\sigma_\varphi = \left[\frac{1}{(G+H)\cos^4\varphi - 2(H-N)\cos^2\varphi\sin^2\varphi + (H+F)\sin^4\varphi}\right]^{1/2} \quad (5\text{-}80)$$

根据式(5-77)可得

$$\begin{cases} \dot{\varepsilon}_z = \mathrm{d}\lambda\left[2(G+H)\sigma_z - 2H\sigma_\theta\right] = \mathrm{d}\lambda\left[2(G+H)\sigma_\varphi\cos^2\varphi - 2H\sigma_\varphi\sin^2\varphi\right] \\ \dot{\varepsilon}_\theta = \mathrm{d}\lambda\left[2(F+H)\sigma_\theta - 2H\sigma_z\right] = \mathrm{d}\lambda\left[2(G+H)\sigma_\varphi\sin^2\varphi - 2H\sigma_\varphi\cos^2\varphi\right] \\ \dot{\gamma}_{z\theta} = \mathrm{d}\lambda\left(4N\sigma_{z\theta}\right) = \mathrm{d}\lambda\left(4N\sigma_\varphi\sin\varphi\cos\varphi\right) \end{cases} \quad (5\text{-}81)$$

将式(5-81)代入式(5-77)中可得任意方向的厚向异性系数 r_φ 的测定模型：

$$r_\varphi = \frac{G\cos^4\varphi + F\sin^4\varphi + H\cos^2 2\varphi + \frac{1}{2}N\sin^2 2\varphi}{G\cos^2\varphi + F\sin^2\varphi} - 1 \quad (5\text{-}82)$$

2. Barlat'89 本构模型

将式(5-70)所示的各应力分量代入 Barlat'89 模型中可得

$$a|k_1 + k_2|^M + a|k_1 - k_2|^M + c|2k_2|^M = 2\sigma_\mathrm{i}^M \quad (5\text{-}83)$$

式中

$$\begin{cases} k_1 = \frac{1}{2}\left(\cos^2\varphi + h\sin^2\varphi\right)\sigma_\varphi \\ k_2 = \left[\frac{1}{4}\left(\cos^2\varphi - h\sin^2\varphi\right)^2 + p^2\sin^2\varphi\cos^2\varphi\right]^{1/2}\sigma_\varphi \end{cases} \quad (5\text{-}84)$$

则任意方向 φ 上的单轴屈服应力 σ_φ 测定模型为

$$\sigma_\varphi = \frac{1}{\left[\frac{a}{2}(F_1+F_2)^M + \frac{a}{2}(F_1-F_2)^M + \left(1-\frac{a}{2}\right)(2F_2)^M\right]^{\frac{1}{M}}} \quad (5\text{-}85)$$

式中

$$\begin{cases} F_1 = \dfrac{h\sin^2\varphi + \cos^2\varphi}{2} \\ F_2 = \left[\left(\dfrac{h\sin^2\varphi - \cos^2\varphi}{2}\right)^2 + p^2\sin^2\varphi\cos^2\varphi\right]^{1/2} \end{cases} \quad (5\text{-}86)$$

利用式(5-78)求解各应变增量的分量并代入式(5-77)中可得基于 Barlat'89 模型的任意方向厚向异性系数 r_φ 的测定模型:

$$r_\varphi = \frac{\left[\dfrac{a}{2}(F_1+F_2)^M + \dfrac{a}{2}(F_1-F_2)^M + \left(1-\dfrac{a}{2}\right)(2F_2)^M\right]^{\frac{1}{M}}}{a(k_1+k_2)^{M-1}(t_1-t_2) + a(k_1-k_2)^{M-1}(t_1+t_2) + 2(a-2)(2k_2)^{M-1}t_2} - 1 \quad (5\text{-}87)$$

式中,F_1、F_2 与式(5-86)含义相同;k_1、k_2 与式(5-84)含义相同。

而 t_1、t_2 可表示为

$$\begin{cases} t_1 = \dfrac{h+1}{4\sigma_i^{M-1}} \\ t_2 = \dfrac{(h-1)(\cos^2\varphi - h\sin^2\varphi)}{8F_2\sigma_i^{M-1}} \end{cases} \quad (5\text{-}88)$$

3. Yld2000-2d 本构模型

将式(5-70)所示的各应力分量代入式(2-58)所示的 Yld2000-2d 模型中可得

$$f^{\text{Yld2000-2d}}\left(\sigma_\varphi\cos^2\varphi, \sigma_\varphi\sin^2\varphi, \sigma_\varphi\sin\varphi\cos\varphi, a_1, a_2, \cdots, a_8\right) - 2\sigma_i^M = 0 \quad (5\text{-}89)$$

对于给定的角度 φ,可以解方程式(5-89)得到 σ_φ。Yld2000-2d 模型的表达式比较复杂,不便于给出 σ_φ 的显式表达式,需借助数学软件进行求解,在此不再赘述。其他表达式复杂的本构模型的参数求解方法均可参照 Yld2000-2d 模型的处理方法。

利用式(5-78)求解各应变增量分量。

1) Yld2000-2d 模型中 ϕ' 的导数

令

$$\Delta' = \left(X'_{zz} - X'_{\theta\theta}\right)^2 + 4\left(X'_{z\theta}\right)^2 \quad (5\text{-}90)$$

若 $\Delta' \neq 0$ 或 $X'_1 \neq X'_2$($X'_{zz} \neq X'_{\theta\theta}$ 或 $X'_{z\theta} \neq 0$),则

$$\frac{\partial \phi'}{\partial X'_{\alpha\beta}} = \frac{\partial \phi'}{\partial X'_1}\frac{\partial X'_1}{\partial X'_{\alpha\beta}} + \frac{\partial \phi'}{\partial X'_2}\frac{\partial X'_2}{\partial X'_{\alpha\beta}} \tag{5-91}$$

式中，α、β 为下角标，取值为 z、θ。

$$\begin{cases} \dfrac{\partial \phi'}{\partial X'_1} = M\left(X'_1 - X'_2\right)^{M-1} \\ \dfrac{\partial \phi'}{\partial X'_2} = -M\left(X'_1 - X'_2\right)^{M-1} \end{cases} \tag{5-92}$$

并且

$$\begin{cases} \dfrac{\partial X'_1}{\partial X'_{zz}} = \dfrac{1}{2}\left(1 + \dfrac{X'_{zz} - X'_{\theta\theta}}{\sqrt{\Delta'}}\right) \\ \dfrac{\partial X'_1}{\partial X'_{\theta\theta}} = \dfrac{1}{2}\left(1 - \dfrac{X'_{zz} - X'_{\theta\theta}}{\sqrt{\Delta'}}\right), \\ \dfrac{\partial X'_1}{\partial X'_{z\theta}} = \dfrac{2X'_{z\theta}}{\sqrt{\Delta'}} \end{cases} \begin{cases} \dfrac{\partial X'_2}{\partial X'_{zz}} = \dfrac{1}{2}\left(1 - \dfrac{X'_{zz} - X'_{\theta\theta}}{\sqrt{\Delta'}}\right) \\ \dfrac{\partial X'_2}{\partial X'_{\theta\theta}} = \dfrac{1}{2}\left(1 + \dfrac{X'_{zz} - X'_{\theta\theta}}{\sqrt{\Delta'}}\right) \\ \dfrac{\partial X'_2}{\partial X'_{z\theta}} = -\dfrac{2X'_{z\theta}}{\sqrt{\Delta'}} \end{cases} \tag{5-93}$$

若 $\Delta'=0$ 或 $X'_1 = X'_2$（或 $X'_{zz} = X'_{\theta\theta}$ 且 $X'_{z\theta} = 0$），则

$$\begin{cases} \dfrac{\partial \phi'}{\partial X'_{zz}} = \dfrac{\partial \phi'}{\partial X'_1} = 0 \\ \dfrac{\partial \phi'}{\partial X'_{\theta\theta}} = \dfrac{\partial \phi'}{\partial X'_2} = 0 \\ \dfrac{\partial \phi'}{\partial X'_{z\theta}} = 0 \end{cases} \tag{5-94}$$

2) Yld2000-2d 模型中 ϕ'' 的导数

令

$$\Delta'' = \left(X''_{zz} - X''_{\theta\theta}\right)^2 + 4\left(X''_{z\theta}\right)^2 \tag{5-95}$$

若 $\Delta'' \neq 0$ 或 $X''_1 \neq X''_2$（$X''_{zz} \neq X''_{\theta\theta}$ 或 $X''_{z\theta} \neq 0$），则

$$\frac{\partial \phi''}{\partial X''_{\alpha\beta}} = \frac{\partial \phi''}{\partial X''_1}\frac{\partial X''_1}{\partial X''_{\alpha\beta}} + \frac{\partial \phi''}{\partial X''_2}\frac{\partial X''_2}{\partial X''_{\alpha\beta}} \tag{5-96}$$

式中，α、β 为下角标，取值为 z、θ。

$$\begin{cases} \dfrac{\partial \varphi''}{\partial X_1''} = M\left|2X_2'' + X_1''\right|^{M-1}\operatorname{sign}(2X_2'' + X_1'') + 2k\left|2X_1'' + X_2''\right|^{M-1}\operatorname{sign}(2X_1'' + X_2'') \\ \dfrac{\partial \varphi''}{\partial X_2''} = 2M\left|2X_2'' + X_1''\right|^{M-1}\operatorname{sign}(2X_2'' + X_1'') + k\left|2X_1'' + X_2''\right|^{M-1}\operatorname{sign}(2X_1'' + X_2'') \end{cases} \quad (5\text{-}97)$$

$$\begin{cases} \dfrac{\partial X_1''}{\partial X_{zz}''} = \dfrac{1}{2}\left(1 + \dfrac{X_{zz}'' - X_{\theta\theta}''}{\sqrt{\Delta''}}\right) & \dfrac{\partial X_2''}{\partial X_{zz}''} = \dfrac{1}{2}\left(1 - \dfrac{X_{zz}'' - X_{\theta\theta}''}{\sqrt{\Delta'}}\right) \\ \dfrac{\partial X_1''}{\partial X_{\theta\theta}''} = \dfrac{1}{2}\left(1 - \dfrac{X_{zz}'' - X_{\theta\theta}''}{\sqrt{\Delta''}}\right) & \dfrac{\partial X_2''}{\partial X_{\theta\theta}''} = \dfrac{1}{2}\left(1 + \dfrac{X_{zz}'' - X_{\theta\theta}''}{\sqrt{\Delta''}}\right) \\ \dfrac{\partial X_1''}{\partial X_{z\theta}''} = \dfrac{2X_{z\theta}''}{\sqrt{\Delta''}} & \dfrac{\partial X_1''}{\partial X_{z\theta}''} = -\dfrac{2X_{z\theta}''}{\sqrt{\Delta''}} \end{cases} \quad (5\text{-}98)$$

若 $\Delta''=0$ 或 $X_1''=X_2''$ ($X_{zz}''=X_{\theta\theta}''$ 且 $X_{z\theta}''=0$),则

$$\begin{cases} \dfrac{\partial \phi''}{\partial X_{zz}''} = \dfrac{\partial \phi''}{\partial X_1''} \\ \dfrac{\partial \phi''}{\partial X_{\theta\theta}''} = \dfrac{\partial \phi''}{\partial X_2''} = \dfrac{\partial \phi''}{\partial X_1''} \\ \dfrac{\partial \phi''}{\partial X_{z\theta}''} = 0 \end{cases} \quad (5\text{-}99)$$

将各应变增量的分量代入式(5-77)中即可得到任意方向的厚向异性系数 r_φ。由于 r_φ 表达式较为冗长,可借助 MATLAB 等软件进行求解。

5.5.2 典型薄壁管面内各向异性参数

将 5.2 节确定的 Yld2000-2d 模型应用于 5.5.1 节的理论模型中,得到 AA6061-O 铝合金管不同方向上归一化单向拉伸屈服应力和 r 值,如图 5-30 所示。考虑到材

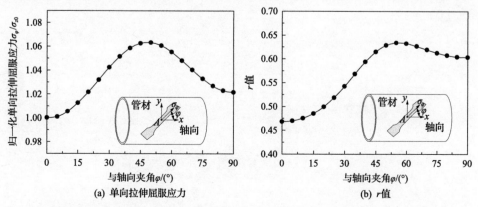

图 5-30 AA6061-O 铝合金管不同方向上归一化单向拉伸屈服应力和 r 值

料的各向异性具有对称性，仅给出 0°～90°范围内各向异性参数的分布。可以看出，AA6061-O 铝合金管归一化单轴屈服应力从 0°(轴向)到 90°(环向)范围内先增大再减小，约在 50°方向上达到最大值 1.063。r 值从 0°时的 0.467 增大至 55°时的 0.634 达到最大值，然后减小至 0.588。

将 5.2 节确定的 Hill'48 模型应用于 5.5.1 节的理论模型，得到 SS400 低碳钢管不同方向上归一化单轴屈服应力和 r 值，如图 5-31 所示。可以看出，SS400 低碳钢管归一化单向拉伸屈服应力从 0°(轴向)时的 1.0 增加到 45°时的 1.03，然后减小至 90°时的 0.995。r 值从 0°时的 1.053 减小至 45°时的 0.915 达到最小值，然后增大至 90°时的 1.031。

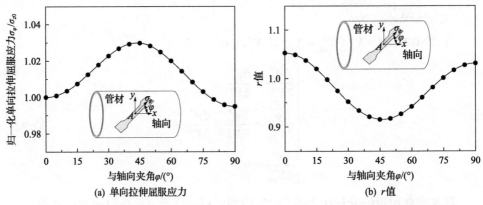

图 5-31　SS400 低碳钢管不同方向上归一化单向拉伸屈服应力和 r 值

第 6 章　各向异性金属薄板力学性能及成形极限

力学性能和成形极限是描述金属材料性能的两个不同方面，是实践中进行材料选择、工艺评定的主要依据。复杂薄壁钣金构件成形时将经历复杂的非线性加载过程，对金属薄板的力学性能和成形极限均具有显著影响。为给复杂构件的成形提供理论指导，迫切需要对金属薄板在双拉应力及非线性加载条件下的力学性能和成形极限进行准确测试和评价。

本章将介绍基于胀形试验的金属薄板性能测试方法，给出典型金属薄板在线性和非线性加载条件下的力学性能和成形极限，提出可用于非线性加载的成形极限理论预测模型。

6.1　金属薄板性能测试方法

为获得金属薄板在不同应力状态下的力学性能和成形极限，必须建立可实现不同应力状态或应力路径的试验方法。薄板胀形试验是常用的材料性能测试方法，下面将介绍薄板胀形基本原理、定边界约束凹模胀形方法、变边界约束凹模胀形方法、胀形试验专用装置。

6.1.1　薄板胀形基本原理

薄板试样自由胀形区的主截面轮廓和边界约束如图 6-1 所示。模具的两个主轴方向分别为 X 和 Y，模具深度方向(或胀形高度方向)为 Z，坐标系的原点 O 位

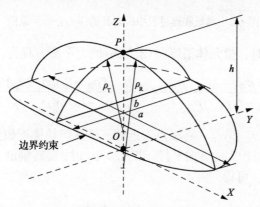

图 6-1　薄板试样自由胀形区的主截面轮廓和边界约束示意图

于模具初始平面的中心。薄板的轧制方向(RD)、面内垂直轧制方向(TD)和法向(ND)三个正交各向异性主轴分别沿 X、Y、Z 方向。a 和 b 分别是自由胀形区边界约束沿 X 和 Y 方向的长度。ρ_R 和 ρ_T 分别是极点处沿 RD 和 TD 的外表面曲率半径。

1. 极点应力

为计算极点应力,选取极点 P 处的微元体进行分析,如图 6-2 所示。$\mathrm{d}l$ 和 $\mathrm{d}m$ 分别是微元体中性层处沿 RD 和 TD 的弧长。$\mathrm{d}\theta$ 和 $\mathrm{d}\varphi$ 分别是弧 $\mathrm{d}l$ 和 $\mathrm{d}m$ 对应的圆心角。针对此微元体做如下假设:

(1) 壁厚 t_P 均匀分布。
(2) 厚向应力(法向)应力 $\sigma_t = 0$。
(3) 面内主应力 σ_R 和 σ_T 垂直于相应截面,且均匀分布。
(4) 外表面曲率半径 ρ_R 和 ρ_T 在微元体范围内均匀分布。

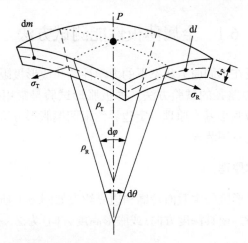

图 6-2 薄板胀形过程中极点处的应力分析示意图

胀形压力为 p 时,微元体沿厚向(Z 方向)的力平衡方程为

$$\frac{\sigma_R}{\rho_R - t_P/2} + \frac{\sigma_T}{\rho_T - t_P/2} = \frac{p}{t_P} \frac{(\rho_R - t_P)(\rho_T - t_P)}{(\rho_R - t_P/2)(\rho_T - t_P/2)} \tag{6-1}$$

为进一步确定 σ_R 和 σ_T,将极点附近的三维几何轮廓近似为旋转椭球面,旋转轴方向与曲率半径较大的方向平行。当 $\rho_R \geqslant \rho_T$ 时,旋转轴沿 RD 方向。根据 RD 方向的力平衡条件,可得

$$\sigma_R = \frac{p(\rho_T - t_P)^2}{2t_P(\rho_T - t_P/2)} \tag{6-2}$$

将式(6-2)代入式(6-1)可得

$$\sigma_T = \frac{p(\rho_T - t_P)}{2t_P(\rho_R - t_P/2)}(2\rho_R - \rho_T - t_P) \tag{6-3}$$

一般情况下极点壁厚 t_P 远小于曲率半径 ρ_R 和 ρ_T,可忽略壁厚的影响,则 σ_R 和 σ_T 的计算公式将简化为

$$\begin{cases} \sigma_R = \dfrac{p\rho_T}{2t_P} \\ \sigma_T = \dfrac{p\rho_T}{2t_P}\left(2 - \dfrac{\rho_T}{\rho_R}\right) \end{cases} \tag{6-4}$$

当 $\rho_R < \rho_T$ 时,旋转轴沿薄板 TD 方向,用于计算 σ_R 和 σ_T 的表达式需做相应调整,即将式(6-2)~式(6-4)中的下角标 R 和 T 互换。

由式(6-4)可知,极点应力比由曲率半径比决定。当 $\rho_R \geqslant \rho_T$ 时,应力比为

$$\alpha = \frac{\sigma_T}{\sigma_R} = 2 - \frac{\rho_T}{\rho_R} \tag{6-5}$$

由式(6-5)可知,当 $\rho_R \geqslant \rho_T$ 时,应力比 α 的范围为 $1 \leqslant \alpha < 2$。

2. 极点曲率半径

为计算极点曲率半径,可将薄板胀形中心截面的轮廓近似为圆形。薄板胀形时 XOZ 平面的截面轮廓和边界约束如图 6-3 所示。极点 P 的坐标为 $(0, h)$,薄板轮廓与模具在接触点处相切,对应的模具圆角的圆心 D 坐标为 (X_D, Z_D),半径为 R_d。将截面轮廓近似为圆弧形,根据极点 P 的坐标及轮廓与模具的相切条件,即可确定圆形轮廓的表达式,圆心坐标为 $(0, Z_C)$。相切圆半径即为薄板胀形时,极点处沿 RD 的曲率半径,表示为

$$\rho_R = h - \frac{(h + R_d)^2 - (X_D^2 + Z_D^2)}{2(h + R_d - Z_D)} \tag{6-6}$$

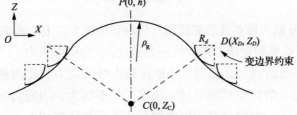

图 6-3 薄板胀形时 XOZ 平面的截面轮廓和边界约束示意图

根据式(6-6)，极点曲率半径由胀形高度 h 和边界约束决定。其中，边界约束包括接触点对应的模具圆角的圆心位置和半径。如果边界约束保持不变，本解析模型描述的是薄板在固定椭圆模具中的胀形过程；若在胀形过程中接触点和边界约束不断改变，则极点曲率半径也将变化，进而改变极点处的应力比。因此，通过调控边界约束可实现薄板连续非线性加载。

3. 极点壁厚

根据真实应变的定义，胀形过程中极点壁厚 t_P 可通过式(6-7)计算：

$$t_P = t_0 \exp(\varepsilon_t) \tag{6-7}$$

忽略弹性应变、弯曲应变和厚向应力的影响，根据体积不变假设，极点厚向应变 ε_t 为

$$\varepsilon_t = -\varepsilon_R - \varepsilon_T \tag{6-8}$$

由式(6-7)和式(6-8)，可得到考虑弯曲应变的极点壁厚为

$$t_P = t_0 \exp(-\varepsilon_R - \varepsilon_T) \tag{6-9}$$

6.1.2 线性加载：定边界约束凹模胀形

根据前述分析可知，若薄板胀形时的边界条件保持不变，则极点处的应力状态仅与该处的主曲率半径比相关。在采用模腔入口横截面为恒定形状的凹模如椭圆模具进行薄板胀形时，胀形过程中薄板试样的几何形状可近似为旋转轴与模具长轴方向平行的旋转椭球面。

薄板胀形区极点处的两个面内主应力可通过式(6-10)计算：

$$\begin{cases} \sigma_1 = \dfrac{p\rho_2}{2t} \\ \sigma_2 = \dfrac{p\rho_2}{2t}\left(2 - \dfrac{\rho_2}{\rho_1}\right) \end{cases} \tag{6-10}$$

式中，ρ_1 和 ρ_2 分别为极点处沿椭圆模具长轴和短轴方向上的曲率半径；σ_1 和 σ_2 分别为极点处沿长轴和短轴方向上的应力分量；p 为胀形压力；t 为极点壁厚。

研究表明，椭圆模具胀形时，胀形区极点处的应力状态由椭圆模具短轴长度 b 和长轴长度 a 的比值即轴长比 λ 决定。一般认为，当应力状态确定时，应力比与应变比有一一对应关系，因此轴长比 λ 也与应变比有一一对应关系。采

用不同轴长比 λ 的椭圆模具进行薄板胀形可获得不同双拉应力状态下的极限应变点[39]。

6.1.3 非线性加载：变边界约束凹模胀形

若模具的截面形状随模腔深度的增加而变化，则利用该模具进行薄板胀形时，薄板与模具的边界约束将随着胀形高度的增加而不断改变，从而改变胀形区极点的应力状态。采用这种模具进行薄板胀形，即可实现连续非线性加载。这与传统的固定边界约束的圆截面模具、椭圆形模具不同，将其称为变边界约束凹模胀形[40]。

薄板变边界约束凹模胀形试验原理如图 6-4 所示。胀形时，压边圈将板坯压紧在凹模上，压边部分材料不向模具模腔流动，如图 6-4(a)所示。图 6-4(b)所示为一种典型的截面形状突变的凹模示意图。模腔分为两个阶段：第一阶段为旋转椭球面，第二阶段为椭圆形孔，第二阶段的长轴与第一阶段的长轴相互垂直。图 6-4(c)给出了该凹模在不同深度处的截面形状，随着深度的增加截面尺寸逐渐减小且截面形状不断变化。第一阶段胀形模具初始平面上的椭圆形边界的长轴长度为 a_1，短轴长度为 b_1。第二阶段椭圆形孔的长轴长度为 a_2，短轴长度为 b_2。

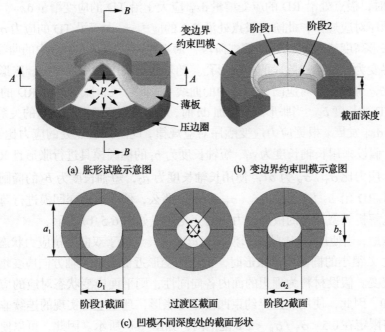

(a) 胀形试验示意图　　(b) 变边界约束凹模示意图

(c) 凹模不同深度处的截面形状

图 6-4　变边界约束凹模胀形试验原理图[40]

为进一步说明变边界约束凹模胀形过程，图 6-5(a) 给出图 6-4 中变边界约束凹模沿主轴方向的剖面和薄板轮廓变化示意图。假设胀形时薄板轧制方向 RD 沿 b_1 方向，面内垂直轧制方向 TD 沿 a_1 方向。

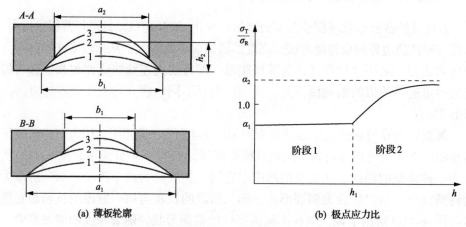

(a) 薄板轮廓　　　(b) 极点应力比

图 6-5　变边界约束凹模胀形时薄板轮廓和极点应力比变化

胀形第一阶段，薄板轮廓对应图 6-5(a) 中的曲线 1。此阶段的胀形与传统椭圆模具胀形相同。由于胀形区沿 RD 的长度 b_1 小于沿 TD 的长度 a_1，当胀形高度增加 dh 时，极点处沿 RD 的应变增量 dε_R 应大于沿 TD 的应变增量 dε_T。根据应力应变顺序对应规律，此阶段极点处沿 RD 的应力 σ_R 大于沿 TD 的应力 σ_T。

当胀形高度达到 h_2 时进入第二阶段，薄板轮廓对应图 6-5(a) 中的曲线 2，胀形区边界变为模具第二阶段的椭圆形孔。随着胀形高度进一步增加，胀形区边界不再变化，薄板轮廓对应图 6-5(a) 中的曲线 3。此阶段，胀形区沿 RD 的长度 a_2 大于沿 TD 的长度 b_2。当胀形高度增加 dh 时，极点处的两个应变增量的关系也将朝着 dε_R < dε_T 发展。根据应力应变顺序对应规律，此阶段极点处的应力比 σ_T / σ_R 将增大。假设采用长轴长度为 a_1、短轴长度为 b_1 的椭圆模具进行胀形且 RD 沿 b_1 方向时，应力比 σ_T / σ_R 为 α_1，使用长轴长度为 a_2，短轴长度为 b_2 的椭圆模具进行胀形且 RD 沿 a_2 方向时，σ_T / σ_R 为 α_2。那么，使用该渐变凹模进行薄板胀形时，理论解析模型计算的极点应力比的变化曲线如图 6-5(b) 所示。

特殊地，当使用 $\lambda = 1$ 的圆形模具胀形时，极点处于双向等拉应力状态；当使用轴长比 λ 很小的椭圆模具胀形时，极点的变形近似为沿长轴方向应变增量为 0 的平面应变。假设材料为理想的面内各向同性，则平面应变状态对应的应力比为 0.5 或 2.0。因此，使用变边界约束凹模进行胀形，理论上可实现的连续非线性应力路径将限定在 $0.5 < \sigma_T / \sigma_R < 2.0$ 范围内，如图 6-6 所示。因此，可以使用变边界约束凹模胀形法测试薄板在连续非线性加载条件下的成形极限。

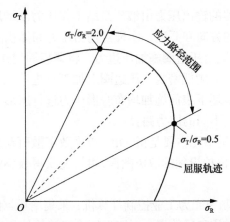

图 6-6 变边界约束凹模胀形法理论应力路径范围

6.1.4 薄板胀形试验专用装置

室温下金属薄板存在明显的应变硬化,胀形所需压力会随着胀形的进行而不断增大。胀形试验时,常设定某个恒定的增压速率,即采用压力控制模式。对于应变速率敏感的材料,胀形试验时需要实现可控应变速率。调控薄板胀形应变速率的直接方法是控制高压介质的输入速率,即采用体积控制模式。

图 6-7 所示为薄板胀形试验专用装置总体方案。装置主要包括高压源、胀形模具、测量单元及控制单元。

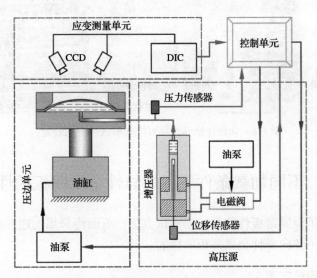

图 6-7 薄板胀形试验专用装置总体方案

(1)高压源。高压源由增压器和液压泵站组成,并由控制单元控制。高压源的核心是增压器,增压器的输出压力由液压泵站工作压力及增压比确定。控制系统通过控制比例换向阀的方向和开度,实现对输出压力和体积的实时控制。

(2)胀形模具。油缸对压边圈施加压边力,将薄板固定在模具和压边圈之间。压边圈和板坯下表面形成刚性密封。压边圈上加工有进液孔,并与增压器高压出口相连。高压液体对板坯下表面施加均布胀形压力进行胀形。通过更换不同截面形状的胀形凹模,实现不同的应力路径。

(3)测量单元。测量单元主要是指 DIC 三维数字散斑动态测量系统。该系统通过对比两部 CCD 相机拍摄到的散斑图像,可快速获得板坯胀形全过程的三维全场应变和位移数据。

(4)控制单元。控制单元为工业控制计算机,采集增压器的输出压力、活塞位移及试样表面的应变、位移等数据,对胀形压力或液体体积进行精确控制。

根据上述总体方案,开发的薄板胀形试验专用装置如图 6-8 所示。该装置具有如下主要特点:①采用不同变边界约束凹模胀形,实现不同的连续非线性加载路径;②可实现压力控制和体积控制两种模式;③采用 DIC 测量系统,可实时记录变形全过程,便于全面分析变形特性及颈缩、断裂行为。

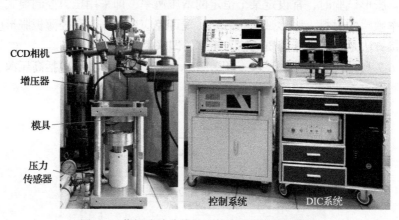

图 6-8 薄板连续非线性可控胀形试验专用装置

6.2 不同加载条件下各向异性金属薄板的性能

前面介绍了金属薄板性能的胀形测试方法。下面将采用上述方法测试、分析不同加载条件下各向异性金属薄板的性能。

6.2.1 材料和测试方案

材料为厚度为 0.68mm 的低碳钢冷轧薄板,牌号为 ST16。该钢板具有良好的拉伸成形性能，常用于汽车覆盖件。由单向拉伸试验获得 ST16 钢板的力学性能，列于表 6-1 中。

表 6-1 ST16 钢板的力学性能参数

单向拉伸方向	屈服强度/MPa	抗拉强度/MPa	厚向异性系数
0°（RD）	135.5	295.6	2.014
45°	141.3	297.2	2.257
90°	137.5	291.6	2.855

为实现不同的线性加载条件，设计轴长比 λ 为 0.4、0.6、0.8 和 1.0 的定边界约束椭圆模具，如图 6-9(a)所示。四个模具的长轴长度为 120mm，圆角半径为 8mm。将四个椭圆模具编号为 $E_{0.4}$、$E_{0.6}$、$E_{0.8}$ 和 $E_{1.0}$，编号中字母 "E" 代表椭圆模具，下标代表模具轴长比。$E_{1.0}$ 对应圆形模具。

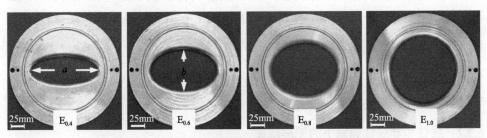

(a) 定边界约束椭圆模具照片

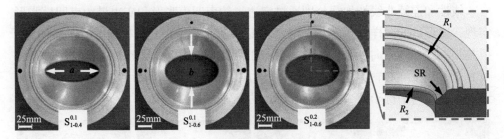

(b) 变边界约束凹模照片

图 6-9 低碳钢薄板胀形试验模具

为实现不同的连续非线性加载条件，设计图 6-9(b)所示的三个变边界约束凹模。三个凹模的第一阶段是球面，第二阶段是椭圆形通孔，第一阶段球面与初始平面之间的圆角半径 R_1 为 8mm，第二阶段椭圆形孔和第一阶段球面之间的圆角半径 R_2 为 5mm。表 6-2 列出三个变边界约束凹模的尺寸参数。以模具编号 $S_{1-0.4}^{0.1}$ 为例说明编号中各部分含义：字母 "S" 代表变边界约束凹模，下角标 "1-0.4" 表示模具的轴长比 λ 从第一阶段的 1.0 变为第二阶段的 0.4，上角标 "0.1" 表示在第一阶段胀形结束时极点处沿 RD 的应变为 $\varepsilon_R = 0.1$。

表 6-2　变边界约束凹模的尺寸参数

模具编号	第一阶段			第二阶段	
	a/mm	λ	应变水平	a/mm	λ
$S_{1\text{-}0.4}^{0.1}$	120	1.0	$\varepsilon_R = 0.1$	100	0.4
$S_{1\text{-}0.6}^{0.1}$	120	1.0	$\varepsilon_R = 0.1$	100	0.6
$S_{1\text{-}0.6}^{0.2}$	120	1.0	$\varepsilon_R = 0.2$	100	0.6

考虑到低碳钢薄板的各向异性，板坯在 RD 沿模具长轴方向和 TD 沿模具长轴方向两种条件下胀形时，将表现出不同的变形规律和成形极限。为分析试样和模具型腔的相对位置对试验结果的影响，采用同一套模具分别进行 RD 沿长轴和 TD 沿长轴的两种试验，并在相应模具编号的基础上增加上角标 R 或 T，如 $S_{1\text{-}0.4}^{0.1,R}$ 和 $E_{0.4}^{T}$。

试验板坯为直径为 200mm 的圆形试样，在试样表面喷涂白底黑点的散斑图案。同时，在试样上标记出中心点，即胀形过程中的极点。在 DIC 测量系统中，可快速定位极点及主轮廓线位置。

6.2.2　线性和非线性加载下的变形规律

线性和连续非线性加载分别通过定边界约束凹模胀形和变边界约束凹模胀形实现，胀形后的试样如图 6-10 所示。可以看出，无论板坯试样的 RD 还是 TD 沿模具型腔的长轴方向，胀破裂纹均平行于模具长轴方向。特别地，当使用圆形模具 $E_{1.0}$ 胀形时，试样上的裂纹与 RD 大约成 18°的夹角。在采用变边界约束凹模胀形时，裂纹均平行于第二阶段椭圆形孔的长轴方向。

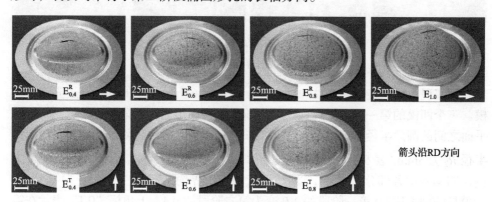

(a) 定边界约束凹模胀形

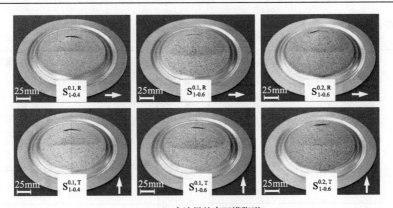

(b) 变边约束凹模胀形

图 6-10 ST16 低碳钢薄板胀形试样

下面将从极点曲率半径、应力路径和应变路径等不同角度分析低碳钢薄板的变形规律。

1. 极点曲率半径变化

通过 DIC 系统获得胀形区主截面轮廓上多个点的坐标，再拟合得到轮廓线的表达式，进而确定极点处的曲率半径。通过多点数据拟合，可降低传统单点接触测量误差带来的影响，获得更准确的曲率半径。假设 ST16 低碳钢薄板胀形时沿 RD 和 TD 方向的主截面上任一点的坐标分别为 (X_x, Z_x) 和 (Y_y, Z_y)，满足抛物线关系：

$$\begin{cases} Z_x = A_x X_x^2 + B_x X_x + C_x \\ Z_y = A_y Y_y^2 + B_y Y_y + C_y \end{cases} \tag{6-11}$$

式中，A_x、B_x、C_x 和 A_y、B_y、C_y 是两个主截面上抛物线的系数。相应地，极点 $P(0, 0, Z_P)$ 处沿 RD 和 TD 的曲率半径可表示为

$$\begin{cases} \rho_R = \dfrac{1}{2|A_x|} \\ \rho_T = \dfrac{1}{2|A_y|} \end{cases} \tag{6-12}$$

通过拟合法获得定边界约束椭圆模具胀形试验过程中极点处两个方向的曲率半径，如图 6-11 所示。可以看出，沿模具长轴方向的曲率半径随胀形高度的增加快速降低；沿模具短轴方向的曲率半径随胀形高度的增加先快速降低后缓慢降

低,并逐渐趋近于常数。

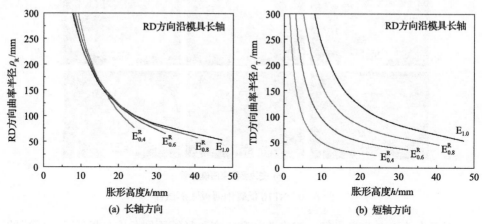

图 6-11 薄板定边界约束凹模胀形试验的曲率半径变化曲线

根据 6.1.1 节中的应力计算公式,极点处主应力比与曲率半径比密切相关。图 6-12 为板坯 RD 沿椭圆模具长轴方向时,短轴曲率半径 ρ_{min} 和长轴曲率半径 ρ_{maj} 的比值随胀形高度的变化曲线。可见,圆形模具胀形时曲率半径比基本为 1.0。椭圆模具胀形时,曲率半径比 ρ_{min}/ρ_{maj} 先略有下降,然后逐渐增加并逐渐接近椭圆模具的轴长比 λ。以 $E_{0.8}^R$ 胀形试验为例,在胀形末期极点处曲率半径比接近 0.8。

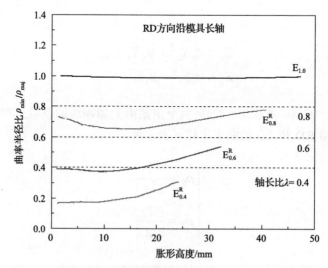

图 6-12 薄板定边界约束凹模胀形试验的曲率半径比变化曲线

对于变边界约束凹模胀形,图 6-13 给出了极点处曲率半径比 ρ_{min}/ρ_{maj} 的变化曲线，图中 A 点和 B 点是变边界约束凹模第一阶段和第二阶段的分界点。可以看出，RD 沿模具长轴方向和 TD 沿模具长轴方向两种条件下，曲率半径变化曲线基本相同。胀形进入第二阶段后，曲率半径逐渐接近第二阶段的椭圆轴长比 λ。例如，曲线 $S_{1-0.4}^{0.1,R}$ 逐渐接近 0.4 的水平线。这与椭圆模具胀形的曲率半径变化规律一致。

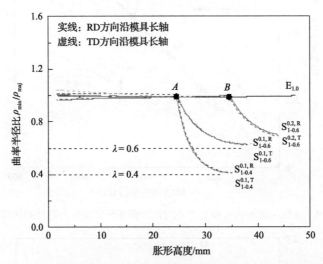

图 6-13 薄板变边界约束凹模胀形试验的曲率半径比变化曲线

2. 极点应力路径变化

椭圆模具和变边界约束凹模胀形试验中的极点应力分量计算值如图 6-14 所示。可以看出，薄板极点处的应力状态分布在应力比 $\alpha = \sigma_T / \sigma_R$ 从 0.5 到 2.0 的范围内。采用变边界约束凹模胀形，在从第一阶段进入第二阶段时应力路径发生突变，应力路径向与第二阶段椭圆轴长比相同的椭圆模具胀形的应力路径逼近。例如，曲线 $S_{1-0.4}^{0.1,R}$ 在进入第二阶段后向曲线 $E_{0.4}^{R}$ 逼近，两个椭圆模具的轴长比均为 0.4。

为分析极点应力状态的变化规律，图 6-15 给出 RD 沿椭圆模具长轴方向胀形时应力比的变化曲线。可以看出，应力比逐渐趋于某一特定值。根据式(6-5)，以及曲率半径比趋于椭圆轴长比 λ 的规律，应力比应趋于常数 $2 - \lambda$。例如，当椭圆轴长比为 0.8、试样 RD 沿长轴方向时，曲率半径比趋近于 0.8，相应的有应力比趋近于 1.2。变边界约束凹模胀形进入第二阶段后，应力比的变化规律与椭圆模具胀形时一致。

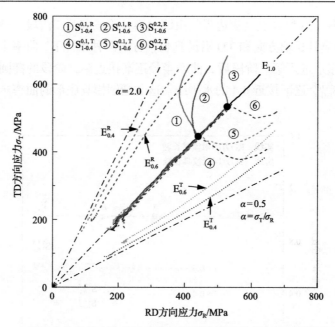

图 6-14 薄板定边界约束和变边界约束凹模胀形试验应力路径的计算曲线

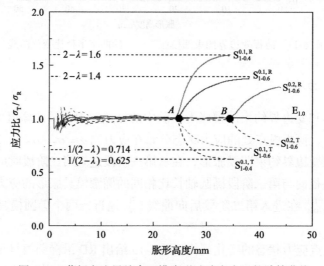

图 6-15 薄板变边界约束凹模胀形试验应力比的计算曲线

由上述分析可知，当确定板材试样与模具的相对方向后，通过变边界约束凹模胀形获得的连续非线性加载路径完全由凹模型腔的截面变化决定。凹模型腔截面变化越剧烈，应力路径的非线性越明显。如果变边界约束凹模存在第三阶段，那么当胀形从第二阶段进入第三阶段时，应力路径将再次发生突变。如果变边界约束凹模的型腔截面连续渐变，则板坯极点处的应力状态也将发生连续渐变。

3. 极点应变路径变化

椭圆模具胀形时,试验测得极点处应变路径如图 6-16(a)所示。可以看出,椭圆模具胀形时,应变路径都位于第一象限,且应变路径具有良好线性。胀形接近断裂时,应变路径逐渐向次应变增量为 0 的平面应变状态偏转。当 RD 沿模具长轴方向进行胀形时,断裂前极点处 RD 方向的应变增量为 0;而当 TD 沿模具长轴方向进行胀形时,断裂前极点处 TD 方向的应变增量为 0。

变边界约束凹模胀形时,实测的极点处应变路径如图 6-16(b)所示。可以看出,变边界约束凹模胀形进入第二阶段后,应变路径立刻偏离原有的双向等拉应变状态,产生明显的非线性。与椭圆模具胀形相同,变边界约束凹模胀形破裂前应变路径也向平面应变状态偏转。

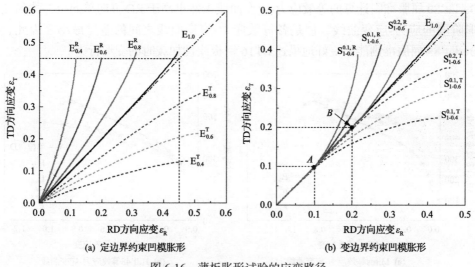

图 6-16 薄板胀形试验的应变路径

6.2.3 线性和非线性加载下的力学性能

当薄板各向异性主轴与应力主轴重合时,根据表 6-1 中 ST16 低碳钢板的力学性能参数,可得 Hill'48 屈服准则(见 2.4.1 节)和 Barlat'89(见 2.5.1 节)屈服准则的系数,在表 6-3 中列出。考虑到胀形过程极点处应力主轴与试样的各向异性主轴一致,Barlat'89 屈服准则中的系数 p 可忽略。

表 6-3 ST16 低碳钢板的 Hill'48 和 Barlat'89 屈服准则系数

Hill'48		Barlat'89			
r_0	r_{90}	a	c	h	M
2.014	2.855	0.612	1.388	0.951	6

根据塑性功相等原则，可得等效应变：

$$d\varepsilon_i = \frac{dW}{\sigma_i} = \frac{\sigma_R d\varepsilon_R + \sigma_T d\varepsilon_T + \sigma_t d\varepsilon_t}{\sigma_i} \tag{6-13}$$

$$\varepsilon_i = \int d\varepsilon_i \tag{6-14}$$

式中，$d\varepsilon_R$、$d\varepsilon_T$、$d\varepsilon_t$ 和 $d\varepsilon_i$ 为主应变分量的增量和等效应变增量。

根据椭圆模具胀形试验数据，采用 Mises、Hill'48 和 Barlat'89 三种屈服准则计算 ST16 低碳钢板的等效应力-应变曲线，如图 6-17 所示。应用 Mises 屈服准则计算的等效应力-应变曲线高于 RD 方向单向拉伸应力-应变曲线。应用 Hill'48 屈服准则计算的等效应力-应变曲线低于 RD 方向单向拉伸应力-应变曲线。应用 Barlat'89 屈服准则计算的等效应力-应变曲线虽然也高于 RD 方向单向拉伸均匀变形阶段的应力-应变曲线，但是各等效应力-应变曲线之间的差异最小。因此，Barlat'89 屈服准则能够更好地描述 ST16 钢板线性加载时的变形行为。

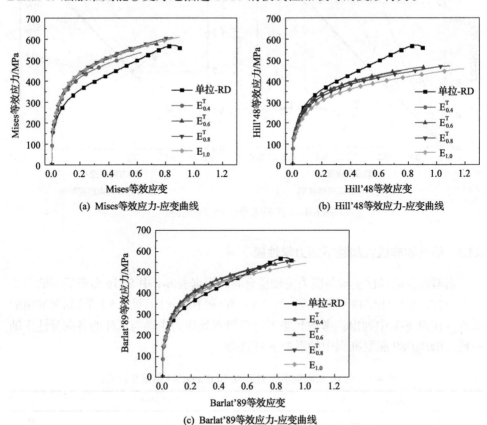

图 6-17 ST16 钢板定边界约束凹模胀形等效应力-应变曲线

对 ST16 钢板不同条件下的等效应力-应变曲线进行拟合，得到相应的硬化参数，在表 6-4 中列出。可以看出，采用不同屈服准则得到的应变硬化指数 n 没有显著差异，等效应力-应变曲线的差异主要受强度系数 K 的影响。

表 6-4　ST16 钢板硬化参数

屈服准则	单向拉伸(RD)		$E_{0.4}^{T}$		$E_{0.6}^{T}$		$E_{0.8}^{T}$		$E_{1.0}$	
	K	n	K	n	K	n	K	n	K	n
Mises	554.7	0.271	624.2	0.265	646.7	0.264	656.0	0.267	644.1	0.259
Hill'48	554.7	0.271	498.3	0.261	495.2	0.256	478.3	0.261	449.7	0.259
Barlat'89	554.7	0.271	582.1	0.264	594.9	0.261	588.6	0.264	559.7	0.259

ST16 钢板在变边界约束凹模胀形条件下获得的等效应力-应变曲线如图 6-18 所示。经过第一阶段变形后，曲线 $S_{1-0.4}^{0.1,T}$ 和 $S_{1-0.6}^{0.1,T}$ 在第二阶段高于曲线 E_1。这说明，根据不同胀形试验数据所确定的等效应力-应变曲线存在差异，在确定材料应力-应变曲线时需要注明对应的应变路径。Barlat 等的研究表明，EDDQ 钢具有明显潜在硬化效应，在两步正交拉伸时，第二步拉伸会表现出应力过冲现象[24, 41]。ST16 钢板与 EDDQ 钢板同属于无间隙原子钢，同样存在潜在硬化特性。因此，ST16 钢板在变边界约束凹模胀形条件下获得更高等效应力-应变曲线可能是潜在硬化特性的表现。

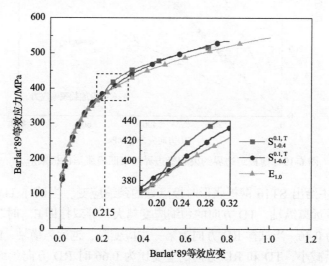

图 6-18　ST16 钢板变边界约束凹模胀形等效应力-应变曲线

6.2.4　线性和非线性加载下的成形极限

利用应变速率突变法[42]确定了 ST16 钢板在线性和连续非线性加载时的颈缩

状态。图 6-19 给出线性加载条件下的颈缩应力和连续非线性加载的应力路径。其中，连续非线性加载路径的终点即为该路径下的颈缩应力点。$E_{0.4}^R$、$E_{0.6}^R$ 和 $E_{0.8}^R$ 三个椭圆模具胀形试验的第一主应力沿 TD 方向，该方向颈缩应力的平均值为 629.2MPa。$E_{0.4}^T$、$E_{0.6}^T$ 和 $E_{0.8}^T$ 三个椭圆模具胀形试验的第一主应力沿 RD 方向，该方向颈缩应力的平均值为 640.7MPa。因此，ST16 钢板以 RD 为第一主应力变形时能够承受比 TD 为第一主应力变形时更高的极限应力。从图 6-19 中还可以看出，变边界约束凹模胀形试验（$S_{1-0.4}^{0.1,R}$，$S_{1-0.6}^{0.1,R}$，$S_{1-0.4}^{0.1,T}$，$S_{1-0.6}^{0.1,T}$ 和 $S_{1-0.6}^{0.2,T}$）的应力路径终点与椭圆模具胀形的颈缩应力曲线吻合较好，而试样 $S_{1-0.6}^{0.2,R}$ 沿 TD 方向的极限应力高出椭圆模具胀形的颈缩应力曲线约 30MPa。这一现象说明当第一阶段的等双拉变形程度较大时极限应力会表现出一定的路径相关性。

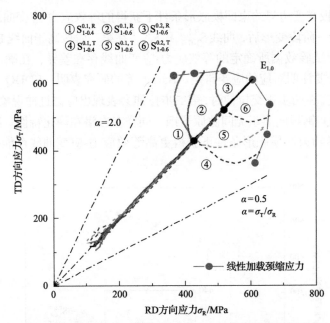

图 6-19 薄板定边界约束和变边界约束凹模胀形的极限应力

图 6-20 中给出 ST16 钢板胀形时极点处的颈缩应变。当试样 TD 方向为第一主应变时，越远离纵轴，TD 方向的颈缩应变越大；等双拉即 $E_{1.0}$ 时 TD 方向颈缩应变最大，为 0.46。当试样 RD 方向为第一主应变时，越远离横轴，RD 方向颈缩应变先增大后减小，TD 和 RD 方向的应变比为 0.66 时 RD 方向颈缩应变最大，为 0.51。此外，$E_{0.4}^R$、$E_{0.6}^R$ 和 $E_{0.8}^R$ 三个椭圆模具胀形试验的第一主应变沿 TD 方向，其中 $E_{0.8}^R$ 对应的 TD 方向颈缩应变值最大，为 0.44。$E_{0.4}^T$、$E_{0.6}^T$ 和 $E_{0.8}^T$ 三个椭圆模具胀形时第一主应变沿 RD 方向，其中 $E_{0.4}^T$ 对应的 RD 方向颈缩应变值最小，为 0.46。因此，以 RD 为第一主应变方向胀形时可获得更高的极限应变。另外，

在经历第一阶段的等双拉变形后,连续非线性加载的颈缩应变明显低于线性加载的结果。这说明所测试的 ST16 薄板的极限应变具有明显的路径相关性。

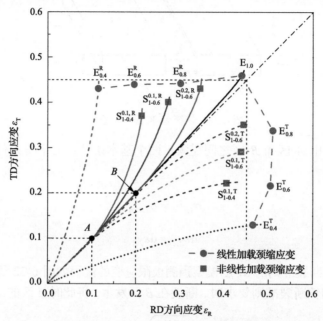

图 6-20　薄板定边界约束和变边界约束凹模胀形的极限应变

6.3　基于韧性断裂准则的成形极限理论预测

前面介绍了通过试验测定金属薄板的成形极限。实践中,也常通过理论模型预测不同加载条件下的成形极限。传统的 M-K 模型对初始壁厚不均匀系数 f_0 非常敏感,经常高估在单向拉伸和双向等拉应变状态下的极限应变。为解决该问题,提出基于韧性断裂准则的 M-K 模型,假设当薄壳凹槽区的变形达到韧性断裂准则的断裂条件时,材料破坏,将此时均匀壁厚区的应变定义为极限应变。下面对该模型的原理、参数确定方法、模型特性进行分析。

6.3.1　预测模型及参数确定

M-K 模型假设材料表面存在凹槽缺陷,材料的集中性失稳是由凹槽缺陷引起的[43]。薄壳的 M-K 模型如图 6-21 所示。图中,A 区为均匀壁厚区,壁厚为 t_A,B 区为凹槽区,壁厚为 t_B。定义材料的初始壁厚不均匀系数 f_0 为

$$f_0 = t_{B0}/t_{A0} \tag{6-15}$$

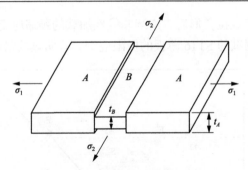

图 6-21 传统 M-K 模型示意图

变形过程中 A 区和 B 区之间需满足两个基本条件:力平衡条件、应变协调条件。

$$\sigma_{1A}t_A = \sigma_{1B}t_B \tag{6-16}$$

$$\mathrm{d}\varepsilon_{2A} = \mathrm{d}\varepsilon_{2B} \tag{6-17}$$

基于韧性断裂准则的 M-K 模型预测极限应变的流程如图 6-22 所示。当 B 区的变形达到韧性断裂准则要求时,断裂在 B 区发生,将此时 A 区的面内主应变定

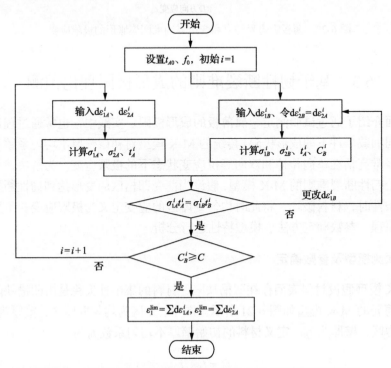

图 6-22 基于韧性断裂准则的 M-K 模型预测成形极限的流程图

义为极限应变。韧性断裂准则大多可以表示为应力、应变和材料性能的关系：

$$\int_0^{\bar{\varepsilon}_f} D(\sigma_{ij}) \mathrm{d}\bar{\varepsilon} = C \tag{6-18}$$

式中，$\bar{\varepsilon}$ 是等效应变；$\bar{\varepsilon}_f$ 是断裂等效应变；σ 是应力分量；C 是表征材料断裂条件的材料常数。

模型中起决定作用的参数是表征材料断裂条件的材料常数 C 和初始壁厚不均匀系数 f_0。将单向拉伸、平面应变拉伸等基础试验获得的应力应变历史数据以及断裂等效应变值代入式(6-18)进行数值计算可获得材料常数 C。如果材料拉伸断裂前无明显的颈缩现象，材料常数 C 可由试验数据直接计算，但是很多材料从颈缩到断裂会经历明显的非线性变形过程，无法准确测量此阶段的应力状态，进而影响材料常数 C 的计算。为解决应力计算问题，可通过塑性本构模型和测得的应变历史计算从初始屈服到断裂全过程的各应力分量，根据式(6-18)积分可得材料常数 C。初始壁厚不均匀系数 f_0 可通过图 6-23 所示的流程计算，通过分析计算极限应变和试验极限应变的大小关系不断对 f_0 进行迭代。当模型计算的 A 区极限应变与试验值吻合时停止计算，此时的 f_0 即为该材料的初始壁厚不均匀系数。

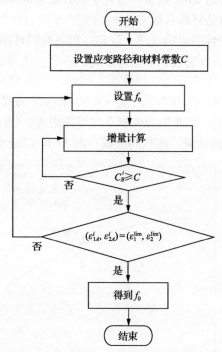

图 6-23 初始壁厚不均匀系数 f_0 的计算流程图

常用的经典韧性断裂准则有 Clift、C-L 和 Brozzo 韧性断裂准则[44-46]，表达式见表 6-5。其中，Clift 韧性断裂准则认为，当单位体积塑性功达到临界值 C_1 时，材料发生断裂相应的断裂等效应变为 $\bar{\varepsilon}_f$。塑性功作为评价指标能够综合反映面内两个主应力在材料塑性变形中的影响。C-L 韧性断裂准则认为最大拉应力 σ^* 是决定材料破坏的主要因素，当等效应变达到断裂值 $\bar{\varepsilon}_f$ 时满足条件 $\int_0^{\bar{\varepsilon}_f} \sigma^* \mathrm{d}\bar{\varepsilon} = C_2$。Brozzo 韧性断裂准则在 C-L 准则的基础上引入静水应力 σ_h 的影响。当等效应变达到断裂值 $\bar{\varepsilon}_f$ 时满足条件 $\int_0^{\bar{\varepsilon}_f} \dfrac{2\sigma^*}{3(\sigma^* - \sigma_h)} \mathrm{d}\bar{\varepsilon} = C_3$。$C_1$、$C_2$ 和 C_3 分别是上述三条韧性断裂准则的材料常数。

表 6-5　三种经典韧性断裂准则的表达式

Clift	C-L	Brozzo
$\int_0^{\bar{\varepsilon}_f} \bar{\sigma} \mathrm{d}\bar{\varepsilon} = C_1$	$\int_0^{\bar{\varepsilon}_f} \sigma^* \mathrm{d}\bar{\varepsilon} = C_2$	$\int_0^{\bar{\varepsilon}_f} \dfrac{2\sigma^*}{3(\sigma^* - \sigma_h)} \mathrm{d}\bar{\varepsilon} = C_3$

6.3.2　预测模型的特性分析

基于韧性断裂准则的 M-K 模型，结合了韧性断裂准则和传统 M-K 模型的特点。模型中的关键参数是材料常数 C 和初始壁厚不均匀系数 f_0。为深入分析这两个参数对新模型预测特性的影响规律，设定一种各向同性刚塑性材料，其满足幂指数硬化 $\sigma_i = 500\varepsilon_i^{0.25}$，并假设初始壁厚不均匀系数 f_0 为 0.99。

为分析 M-K+Clift 模型与 Clift 韧性断裂准则、传统 M-K 模型的联系与区别，使用三种模型分别预测 $C_1=300\mathrm{MPa}$、$f_0 = 0.99$ 条件下的成形极限线（FLC），如图 6-24 所示。可以看出，在单向拉伸和双向等拉附近，Clift 准则预测的 FLC 低于传统 M-K 模型预测的结果。在相同区域，由 M-K+Clift 模型预测的 FLC 又位

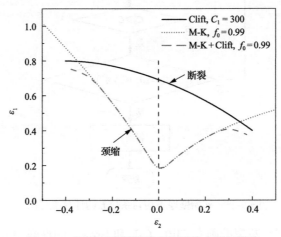

图 6-24　不同理论预测模型预测的成形极限线

于 Clift 准则预测结果的下方。在其他区域,M-K+Clift 模型与传统 M-K 模型预测的极限应变基本相同。此外,在双向等拉应变状态附近,M-K+Clift 模型预测的 FLC 还出现先升高后降低的非单调变化特征,具有更为灵活的预测特性。

图 6-25 给出 M-K+Clift 模型在不同 f_0 条件下的预测结果。图中,$C_1 = 300$MPa,f_0 分别为 0.99、0.98 和 0.97。可见,随着 f_0 减小,新模型预测的 FLC 整体下移,单向拉伸和双向等拉应变状态附近的曲线弯曲程度随之变小。当 $f_0 = 0.97$ 时,弯曲段已基本消失。

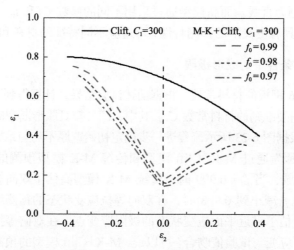

图 6-25 参数 f_0 对 M-K+Clift 模型预测结果的影响

图 6-26 给出参数 C_1 对预测结果的影响。可以看出,当 $C_1=400$MPa 时,新模型预测的 FLC 两端没有出现弯曲现象。当 $C_1=300$MPa 时,开始出现弯曲现象。

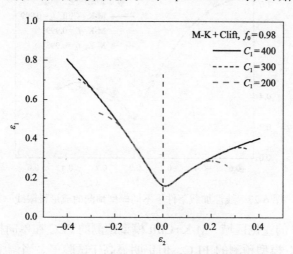

图 6-26 参数 C_1 对 M-K+Clift 模型预测结果的影响

当 C_1 进一步减小到 200MPa 时，新模型预测的 FLC 在单向拉伸和双向等拉应变状态附近显著降低，FLC 曲线出现局部弯曲。

综上分析可知，传统 M-K 模型预测的 FLC 常无法兼顾单向拉伸、平面应变和双向等拉等不同状态下的极限应变。当其对平面应变状态预测良好时，会高估单向拉伸和双向等拉附近的成形极限。基于韧性断裂准则的 M-K 新模型通过引入新的约束条件，有效降低了单向拉伸和双向等拉两个状态的极限应变预测值。另外，经典 M-K 模型预测的 FLC 通常为简单形状，例如，Hill 集中性失稳理论预测的 FLC 的左半侧为直线。而新模型通过采用不同的参数 C_1 和 f_0，其 FLC 可表现出多种形状，即具有更灵活的预测特性，可适应不同特征的材料和复杂加载条件。

6.3.3 线性加载条件下的成形极限

为确定 ST16 钢板的材料常数，根据前述试验结果，计算得到不同线性加载路径下 Clift 韧性断裂准则的材料常数 C_1。其中，圆形模具胀形断裂时，C_1 具有最大值 470.3MPa。根据图 6-23 所示流程进一步确定初始壁厚不均匀系数 $f_0 = 0.999$。

图 6-27 所示为通过 M-K+Clift 模型和传统 M-K 模型预测的线性加载时的 FLC。在右侧区域，当 $f_0 = 0.999$ 时，传统 M-K 模型高估了双向等拉应变状态的极限应变点。当 f_0 减小到 0.998 时，在双向等拉应变状态的预测结果与试验结果吻合较好，却低估了靠近平面应变状态的极限应变点。在双向等拉应变状态，新模型预测的极限应变与试验值吻合。可以说，M-K+Clift 模型的预测精度要优于传统 M-K 模型，特别是解决了传统 M-K 模型高估双向等拉状态极限应变的问题。

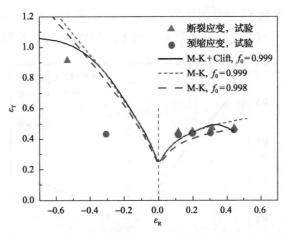

图 6-27 线性加载条件下不同模型预测的成形极限线

而在图 6-27 的左侧区域，M-K+Clift 模型预测的 FLC 在单向拉伸应变状态附近低于传统 M-K 模型预测的 FLC，但仍明显高于试验值。当调整 $f_0=0.917$ 时，M-K 模型预测的颈缩应变与试验值相同，但是此壁厚不均匀系数已明显低于 f_0 的常用取值范围。对 ST16 钢板的单向拉伸性能分析发现，沿 TD 的厚向异性系数 r_{90}=2.855，试样发生颈缩时表现出宽度迅速变窄的颈缩现象，如图 6-28 所示。该试验现象不满足板材拉伸颈缩时壁厚快速减薄的传统假设。传统 M-K 模型和 M-K+Clift 模型在预测颈缩时采用凹槽区壁厚快速减薄的传统假设，因此难以准确预测厚向异性系数远大于 1 的强各向异性材料的极限应变。

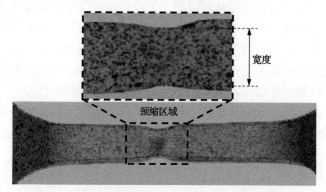

图 6-28　ST16 钢板沿 TD 方向单向拉伸颈缩区形状

6.3.4　非线性加载条件下的成形极限

通过 M-K+Clift 新模型预测了连续非线性加载条件下的颈缩应变，预测时将图 6-20 中所示变边界约束凹模胀形时极点处的应变路径作为 A 区的应变路径。新模型预测的 $S_{1-0.4}^{0.1,R}$、$S_{1-0.6}^{0.1,R}$ 和 $S_{1-0.6}^{0.2,R}$ 三个试验的极限应变点在图 6-29 中标出。可以看出，连续非线性加载条件下的极限应变明显低于线性加载条件下的极限应变，这与试验结果吻合很好。这也再次证明，连续非线性加载条件下，前期发生的双向等拉变形将使金属薄板的极限应变显著降低。

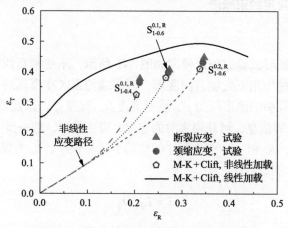

图 6-29　连续非线性加载条件下的极限应变

第7章 各向异性金属薄壁管力学性能及成形极限

受金属薄壁管封闭几何形状的限制，无法直接获得除轴向以外方向的力学性能。另外，薄壁管成形时所处应力状态也与一般的薄板成形存在差异，例如，内高压成形时，管坯常在双向受拉、一拉一压甚至三向应力状态下变形。因此，需要针对薄壁管的几何和受力特点建立专用的性能测试方法和理论预测模型。

本章将介绍薄壁管轴向定约束胀形、薄壁管轴向变约束胀形、薄壁管双面加压胀形三种试验方法，分析典型各向异性金属薄壁管在不同条件下获得的力学性能和成形极限，并提出环向壁厚非均匀薄壁管成形极限的预测模型。

7.1 金属薄壁管性能测试方法

各向异性金属薄壁管在不同的加载条件、边界条件下将表现出不同的变形行为，即其性能具有明显的应力状态/应力路径相关性。在第4章中介绍了测试金属薄壁管单轴力学性能参数、双轴力学性能参数、剪切力学性能参数的试验方法，利用这些方法获得的力学性能参数可用于确定各向异性金属薄壁管的本构模型。

需要指出，上述测试方法主要用于获得材料的本征力学特性，与实际变形过程的关联程度弱。为更为全面或直观地表征金属薄壁管的性能，需要采用能够模拟或复现实际成形过程的试验方法，并获得相应条件下的力学性能和成形极限。下面将从薄壁管加载条件的角度介绍几种不同的测试方法。

7.1.1 薄壁管轴向定约束胀形

1. 理论模型

薄壁管自由胀形试验原理及模型如图7-1所示，不受模具约束的中间胀形区在内部高压液体的作用下发生自由胀形，而两端约束区在模具的约束下不发生胀形。根据胀形过程中的胀形压力p、胀形高度h、壁厚t_p，以及轴向曲率半径ρ_θ、环向曲率半径ρ_z等信息，可获得实时的应力、应变数据，进一步可确定双轴应力-应变曲线。图中，R_0和t_0分别为管坯的初始半径和壁厚，R_d为模具圆角半径。

定义胀形区的长径比λ为

$$\lambda = L_0/D_0 \tag{7-1}$$

式中，L_0为胀形区长度；$D_0=2R_0$为管坯的初始外径。

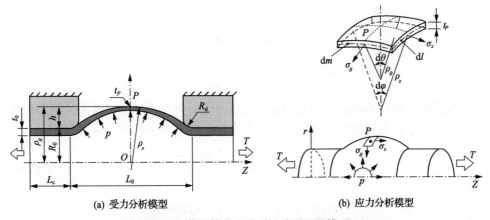

(a) 受力分析模型　　　　　(b) 应力分析模型

图 7-1 薄壁管自由胀形试验原理及模型

管坯端部约束形式不同，则胀形区的受力条件不同。假设管坯在胀形压力 p 和轴向载荷 T 的作用下胀形，忽略微元体上的厚向应力，中间胀形区最高点处的轴向应力 σ_z 和环向应力 σ_θ 分别为

$$\sigma_z = \frac{(\rho_\theta - t_P)^2 - (R_0 - t_0)^2}{(2\rho_\theta - t_P)t_P} p + \frac{1}{\pi(2\rho_\theta - t_P)t_P} T \tag{7-2}$$

$$\sigma_\theta = \frac{(2\rho_z - \rho_\theta - t_P)(\rho_\theta - t_P) + (R_0 - t_0)^2}{(2\rho_z - t_P)t_P} p - \frac{1}{\pi(2\rho_z - t_P)t_P} T \tag{7-3}$$

考虑胀形区最高点处的壁厚 t_P 远小于轴向曲率半径 ρ_z 和环向曲率半径 ρ_θ，式(7-2)和式(7-3)可简化为

$$\sigma_z = \frac{\rho_\theta^2 - R_0^2}{2\rho_\theta t_P} p + \frac{1}{2\pi\rho_\theta t_P} T \tag{7-4}$$

$$\sigma_\theta = \frac{2\rho_z\rho_\theta - \rho_\theta^2 + R_0^2}{2\rho_z t_P} p - \frac{1}{2\pi\rho_z t_P} T \tag{7-5}$$

当管端轴向固定时，胀形过程中管坯两端约束区的材料不会向中间胀形区流动。此时，胀形区的应力状态与两端封闭柱壳的胀形相同[47,48]。对于两端封闭柱壳胀形，轴向载荷 T 可以表示为

$$T = \pi(R_0 - t_0)^2 p \tag{7-6}$$

此时，胀形区最高点处的轴向应力 σ_z 和环向应力 σ_θ 可写为

$$\sigma_z = \frac{(\rho_\theta - t_P)^2}{(2\rho_\theta - t_P)t_P}p \tag{7-7}$$

$$\sigma_\theta = \frac{(2\rho_z - \rho_\theta - t_P)(\rho_\theta - t_P)}{(2\rho_z - t_P)t_P}p \tag{7-8}$$

当管端轴向自由时，中间胀形区的长度不变，管坯两端的材料不受轴向载荷限制。忽略摩擦力，轴向总载荷 $T=0$。则轴向应力 σ_z 和环向应力 σ_θ 可写为

$$\sigma_z = \frac{\rho_\theta^2 - R_0^2}{2\rho_\theta t_P}p \tag{7-9}$$

$$\sigma_\theta = \frac{(2\rho_z - \rho_\theta - t_P)(\rho_\theta - t_P) + (R_0 - t_0)^2}{(2\rho_z - t_P)t_P}p \tag{7-10}$$

由式(7-7)、式(7-8)及式(7-9)、式(7-10)，可计算得到胀形过程中的轴向和环向应力。在上述公式中，存在三个实时变化的参量，即轴向曲率半径 ρ_z、环向曲率半径 ρ_θ、最高点处的壁厚 t_P。这三个参量无法直接测量，需通过相应理论模型计算确定。

轴向曲率半径 ρ_z 由胀形区的轴向轮廓决定。对于管端轴向固定且胀形区长度不变的情况，假设胀形区轴向轮廓线近似为与模具相切的椭圆[47, 49]，如图 7-2 所示。令椭圆方程为

$$\frac{z^2}{R_z^2} + \frac{r^2}{R_P^2} = 1 \tag{7-11}$$

式中，R_z 为椭圆轮廓线的长半轴；R_P 为椭圆轮廓线的短半轴，即胀形区最高点 P 处的外半径。

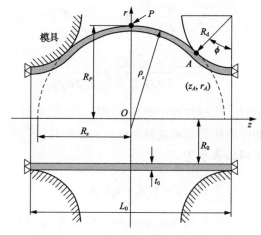

图 7-2　胀形区轮廓线椭圆模型[47]

定义轮廓线与约束圆角的相切点为 A，坐标为 $(+z_A, r_A)$，管坯与约束圆角接触部分圆弧所对应的圆心角 ϕ 称为接触角，由几何关系可知：

$$r_A = R_0 + R_d(1 - \cos\phi) \tag{7-12}$$

$$z_A = \frac{L_0}{2} - R_d \sin\phi \tag{7-13}$$

椭圆短半轴 R_P 和长半轴 R_z 分别为

$$R_P = \sqrt{r_A(r_A + z_A \tan\phi)} \tag{7-14}$$

$$R_z = \sqrt{z_A(z_A + r_A \cot\phi)} \tag{7-15}$$

在胀形区最高点 P 处的环向曲率半径和轴向曲率半径分别为

$$\rho_\theta = R_P = R_0 + \Delta r \tag{7-16}$$

$$\rho_z = \frac{R_z^2}{R_P} \tag{7-17}$$

为验证轮廓线椭圆几何模型，采用 AA6061-O 铝合金挤压管进行胀形试验。管坯初始外径 50mm，壁厚 1.8mm。胀形时，长径比从 1.0 变化至 2.0。测量不同胀形高度或胀形率下的胀形区轮廓线并和理论曲线进行对比，结果如图 7-3 所示。

当长径比为 1.0~1.4 时，理论解析椭圆与试验数据点始终吻合较好。当长径比大于 1.4 时，胀形初期理论解析椭圆位于试验数据点的下方；随着胀形率增加，两者吻合程度提高；继续胀形，理论解析模型位于试验数据点的上方，但差异不大。因此，采用椭圆模型可以较好地描述胀形区轮廓形状，从而保证轴向曲率半径 ρ_z 的精度。

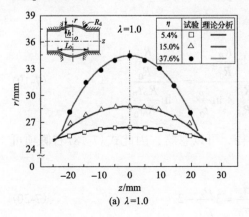

(a) $\lambda=1.0$

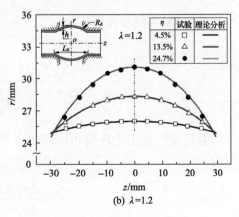

(b) $\lambda=1.2$

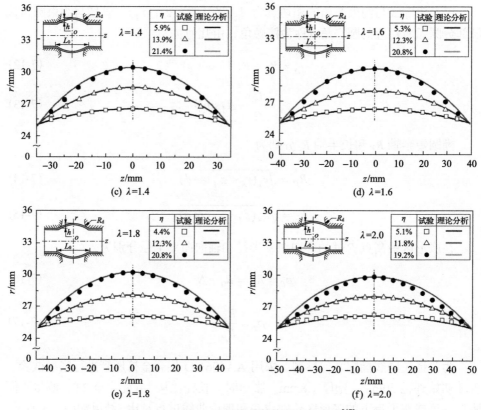

图 7-3　AA6061-O 铝合金管胀形区轮廓线[47]

最高点处的壁厚 t_P，可根据试验测得的面内应变分量确定。根据全量理论，塑性应变分量与应力偏量之间的关系为

$$\frac{\varepsilon_\theta}{\varepsilon_z} = \frac{\sigma'_\theta}{\sigma'_z} \tag{7-18}$$

式(7-18)左侧项还可写为

$$\frac{\varepsilon_\theta}{\varepsilon_z} = -\frac{\varepsilon_\theta}{\varepsilon_\theta + \varepsilon_t} = -\frac{\ln\dfrac{R_P}{R_0}}{\ln\dfrac{R_P}{R_0} + \ln\dfrac{t_P}{t_0}} = -\frac{\ln\dfrac{R_P}{R_0}}{\ln\dfrac{R_P t_P}{R_0 t_0}} \tag{7-19}$$

管坯壁厚远小于环向和轴向曲率半径，可以忽略，因此式(7-18)右侧项可写为

$$\frac{\sigma'_\theta}{\sigma'_z} = \frac{2\sigma_\theta - \sigma_z}{2\sigma_z - \sigma_\theta} = 3\frac{\rho_z}{\rho_\theta} - 2 \tag{7-20}$$

根据式(7-19)和式(7-20)，可得最高点壁厚 t_P 的表达式：

$$t_P = t_0 \left(1 + \frac{h}{R_0}\right)^{-1-\frac{1}{3\rho_z/\rho_\theta - 2}} \quad (7-21)$$

为分析最高点壁厚 t_P 随胀形高度 h 的变化规律，图 7-4 给出 t_P 对胀形高度 h 的一阶导数的变化。可以看出，对于不同的管坯初始外径或不同的初始壁厚，t_P 对 h 的一阶导数在整个变形过程中几乎为常数。这说明，t_P 和 h 之间存在近似线性关系。

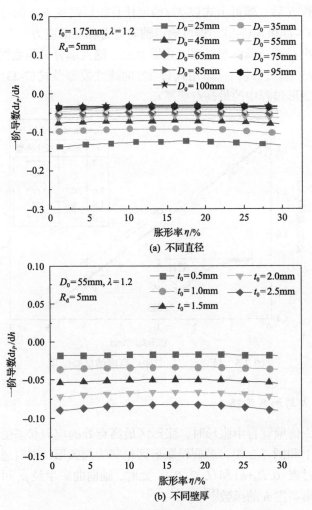

图 7-4　最高点壁厚 t_P 对胀形高度 h 的一阶导数

为简化 t_P 的确定，提出如下线性模型[50]：

$$t_P = t_0 - bh \tag{7-22}$$

式中，b 为待定系数。

关于式(7-22)中待定系数 b 的确定，一种方案是对试验测得的多组胀形高度和最高点壁厚的数据进行线性拟合。另一种方案是直接由胀形结束后测得的最高点壁厚 t_{end}、胀形高度 h_{end} 和半径增量 Δr_{end} 确定，即

$$b = (t_0 - t_{end})/\Delta r_{end} = (t_0 - t_{end})/h_{end} \tag{7-23}$$

在确定系数 b 后，即可由式(7-22)确定任意胀形高度 h 下的最高点壁厚 t_P，进一步代入式(7-7)和式(7-8)，即可确定轴向应力和环向应力。

图 7-5 给出 t_P 的试验测量结果。可以看出，绝大部分试验数据点都位于线性模型对应的直线上。因此，可以用式(7-22)的线性模型及式(7-23)的参数确定方法，快速确定变形过程中的最高点壁厚 t_P。

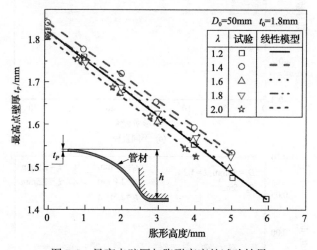

图 7-5 最高点壁厚与胀形高度的试验结果

2. 约束方式与加载路径

如前分析，薄壁管自由胀形时，胀形区最高点处的应力状态受端部约束条件影响。在图 7-1 和图 7-2 中，若假设胀形区轮廓为圆弧形，同时忽略模具圆角，则圆弧轮廓将过点 $(0, R_0+h)$ 和 $(L_0/2, R_0)$。此时，轴向曲率半径 ρ_z 可表示为胀形区长径比 λ 和胀形高度 h 的函数[51]：

$$\rho_z = \frac{L_0^2/4 + h^2}{2h} = \frac{\lambda^2 R_0^2 + h^2}{2h} \qquad (7\text{-}24)$$

当管端轴向固定时，胀形区最高点的轴向应力 σ_z 和环向应力 σ_θ 为

$$\sigma_z = \frac{p\rho_\theta}{2t_P} \qquad (7\text{-}25)$$

$$\sigma_\theta = \frac{p\rho_\theta}{2t_P}\left(2 - \frac{\rho_\theta}{\rho_z}\right) \qquad (7\text{-}26)$$

不同长径比 λ 条件下，轴环应力比 α 与胀形高度 h 的关系为

$$\alpha = \frac{\sigma_z}{\sigma_\theta} = \frac{\lambda^2 + \left(\dfrac{h}{R_0}\right)^2}{2\left(\lambda^2 - \dfrac{h}{R_0}\right)} \qquad (7\text{-}27)$$

根据式(7-27)，绘制管端轴向固定状态不同长径比条件下胀形时应力比随胀形高度的变化曲线，如图 7-6 所示。在初始胀形阶段，应力比 $\alpha=0.5$，对应 $d\varepsilon_z = 0$ 的平面应变状态。随着胀形高度增加，ρ_z 逐渐减小而 ρ_θ 逐渐增大，应力比 α 逐渐增大。长径比 λ 越小，应力比 α 增大越快，非线性越明显。在 $\lambda=3.0$ 条件下，当胀形高度达到 $h/R_0 = 0.5$ 时，应力比 α 仅增大到 0.544，整个胀形过程几乎都处于平面应变状态。而在 $\lambda=1.0$ 条件下，当胀形高度达到 $h/R_0 = (\sqrt{\lambda^2+1}-1) = 0.414$

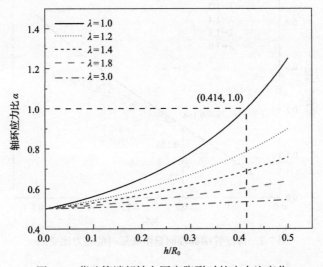

图 7-6　薄壁管端部轴向固定胀形时的应力比变化

时，将有 $\rho_\theta = \rho_z$，应力比 α 增大到 1.0。因此，在管端轴向固定状态下，长径比 λ 对胀形时的应力路径、应变路径有显著影响。

当管端轴向自由时，胀形区最高点的轴向应力 σ_z 和环向应力 σ_θ 为

$$\sigma_z = \frac{\rho_\theta^2 - R_0^2}{2\rho_\theta t_P} p \tag{7-28}$$

$$\sigma_\theta = \frac{(2\rho_z - \rho_\theta)\rho_\theta + R_0^2}{2\rho_z t_P} p \tag{7-29}$$

进一步得到不同长径比 λ 条件下，应力比 α 与胀形高度 h 的关系为

$$\alpha = \left[\frac{2}{1-(R_0/\rho_\theta)^2} - \frac{\rho_\theta}{\rho_z}\right]^{-1} = -\frac{\dfrac{h}{R_0}\left(\dfrac{h}{R_0}+2\right)\left[\left(\dfrac{h}{R_0}\right)^2+\lambda^2\right]}{2\left(\dfrac{h}{R_0}+1\right)\left[\left(\dfrac{h}{R_0}\right)^2-\lambda^2\dfrac{h}{R_0}-\lambda^2\right]} \tag{7-30}$$

同样，绘制不同长径比条件下应力比随胀形高度的变化曲线，如图 7-7 所示。初始胀形阶段，应力比 $\alpha=0$，应变状态为环向单拉。随着胀形高度增加，应力比 α 逐渐增大。应力加载路径也具有非线性特征。从图中还可看出，长径比 λ 越小，应力比 α 增大越快。在胀形高度较小时不同长径比条件下的应力比差异不大。当胀形高度达到 $h/R_0=0.2$ 时，长径比 $\lambda=1.0$ 和 3.0 两种条件下的应力比的差异仅为 6.5%。

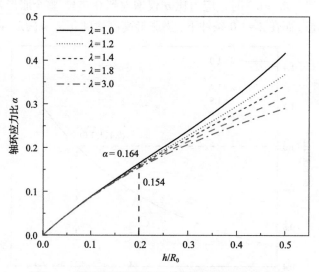

图 7-7 薄壁管端部轴向自由胀形时的应力比变化

为分析薄壁管自由胀形全过程的应力、应变加载路径，对长径比 λ 为 1.0 至

3.0 的自由胀形进行有限元模拟。为简化，假设材料满足 Mises 各向同性屈服准则并采用幂指数硬化，力学性能参数在表 7-1 中列出。模拟所得胀形区最高点的应力路径和应变路径分别如图 7-8 和图 7-9 所示。

表 7-1 有限元模型中材料力学性能参数

弹性模量/GPa	泊松比	屈服应力/MPa	强度系数 K/MPa	应变硬化指数 n
69	0.33	56	249	0.240

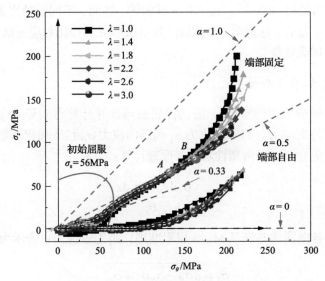

图 7-8 最高点应力路径

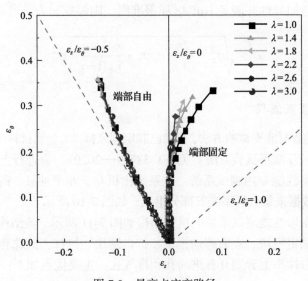

图 7-9 最高点应变路径

(1) 对于端部轴向固定胀形：在初始加载阶段，当管坯刚开始发生塑性变形时，$\rho_\theta \ll \rho_z$，胀形区处于特殊的平面应变状态：$\alpha = \sigma_z/\sigma_\theta = 0.5$，$\varepsilon_z/\varepsilon_\theta = 0$。随着胀形高度的增加，应力比逐渐增大，应力路径向 $\alpha > 0.5$ 的区域快速偏转，应变路径向 $0 < \varepsilon_z/\varepsilon_\theta < 1.0$ 的区域偏转。胀形区长径比越小，这种偏转越明显。因此，端部固定胀形时，胀形区的长径比对实际的应力路径影响很大。

(2) 对于端部轴向自由胀形：在初始加载阶段，同样有 $\rho_\theta \ll \rho_z$，管坯处于环向单向受拉状态，$\alpha = 0$，$\rho = -0.5$。随着胀形高度增加，应力比 α 向 $0 < \alpha < 0.5$ 区域偏转，应变路径向 $-0.5 < \varepsilon_z/\varepsilon_\theta < 0$ 区域偏转。然而，不同长径比条件下的应力和应变路径基本重合。这说明，端部轴向自由胀形时长径比对应变路径影响较小，可获得相近的加载条件。

3. 等效应力-应变曲线

为得到等效应力-应变曲线，需选择屈服函数并计算得到等效应力和等效应变。忽略厚度方向应力，将轴向应力 σ_z 和环向应力 σ_θ 代入屈服函数即可得到等效应力。等效应变增量可由塑性功相等原理计算：

$$\mathrm{d}\varepsilon_\mathrm{i} = \frac{\sigma_\theta \mathrm{d}\varepsilon_\theta + \sigma_z \mathrm{d}\varepsilon_z}{\sigma_\mathrm{i}} \tag{7-31}$$

若管坯为各向同性并满足 Mises 屈服准则，则等效应力可表示为

$$\sigma_\mathrm{i} = \sqrt{\sigma_\theta^2 - \sigma_\theta \sigma_z + \sigma_z^2} \tag{7-32}$$

若管坯为各向异性并满足 Hill'48 屈服准则，则等效应力可表示为

$$\sigma_\mathrm{i} = \sqrt{\sigma_z^2 - \frac{2r_0}{1+r_0}\sigma_\theta \sigma_z + \frac{r_0(1+r_{90})}{r_{90}(1+r_0)}\sigma_\theta^2} \tag{7-33}$$

4. 试验装置及流程

上述介绍的管材胀形试验方法，目前已制定国家标准《金属材料 管 测定双轴应力-应变曲线的液压胀形试验方法》(GB/T 38719—2020)。为进行上述试验，开发了管材自由胀形性能专用测试系统。该系统由机身、水平油缸、高压系统、计算机控制系统和数据采集分析系统五部分组成，如图 7-10 所示。

管材自由胀形性能测试系统的机械结构如图 7-11 所示。该结构包括底座、左右冲头、左右固定模块、左右移动模块、扩口镶块、拉杆、滚珠套和不同尺寸的调整块等。左右冲头上分别开有进油孔和排气孔。主要优点如下：

图 7-10 管材自由胀形性能测试专用系统

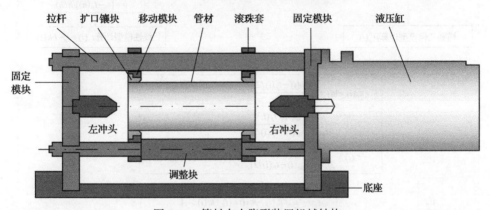

图 7-11 管材自由胀形装置机械结构

（1）结构紧凑、无需压机。采用单侧移动式密封结构，左侧冲头固定，右侧冲头在液压缸推动下水平移动实现两端同步扩口密封。装置结构紧凑，无需采用专用压机合模。

（2）扩口密封、冲头通用。扩口镶块采用组合结构，只需要改变扩口镶块的尺寸即可实现不同初始外径与壁厚的管材胀形，一套冲头可用于不同规格、尺寸的管坯。

（3）边界可变、管长可调。可实现管端固定和管端自由两种边界条件。左右移动模块可自由移动，通过更换调整块可改变中间胀形区长度，从而实现不同长径比管材的胀形。

采用上述薄壁管自由胀形试验方法和专用系统，可测定薄壁管的等效应力-

应变曲线及其力学性能参数，如强度系数 K、应变硬化指数 n，试验流程如图 7-12 所示。

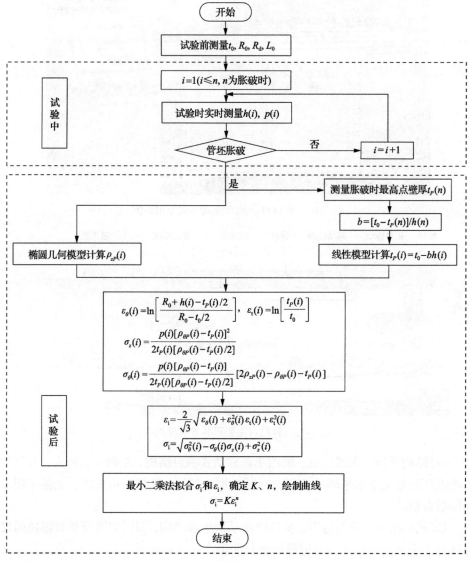

图 7-12　薄壁管自由胀形试验流程图

7.1.2　薄壁管轴向变约束胀形

前面介绍的管端轴向固定和轴向自由的胀形试验，在整个试验过程中管端的约束条件保持不变。虽然在胀形过程中的应力路径、应变路径表现为非线性，但这种非线性特征相对简单，且主要与胀形区长径比有关。

为获得更为一般的应力/应变路径，需要在胀形过程中对胀形压力和轴向载荷进行实时控制，这主要通过控制管端的轴向约束条件来实现。为了区别，将此类试验称为轴向变约束胀形试验。在第4章详细介绍的薄壁管双轴可控胀形即为此类试验。该试验方法能够对薄壁管胀形过程中最高点的应力状态/应力路径进行准确控制，从而可为确定薄壁管各向异性本构模型的参数提供充分的试验数据。

为了全面测试薄壁管在不同加载条件下的力学性能和成形性能，必须实现更为一般或复杂的加载条件，这对薄壁管双轴加载试验系统提出了更高要求。

(1) 载荷调整控制方面。在简单线性加载时，载荷一般随变形程度的增加而单调增大，可按照胀形压力持续增加轴向载荷实时调控的方法实现对加载路径的准确控制。而非线性加载时，为实现加载路径变化，既要实现对胀形压力和轴向载荷的快速精确独立调控，又要实现两者的相互协调控制，以使管坯按设定的加载路径持续稳定地变形。

(2) 应变分析测量方面。需要对应变和轮廓形状进行高精度实时测量，以保证在应变或应力状态达到设定值时能及时对加载路径进行调控，以实现预定的非线性加载。同时，为获得薄壁管的胀形成形极限，应变测量系统需要采集从颈缩失稳到最终断裂的全部应变数据。通过 DIC 应变测量系统，在设置高采集频率的同时采用较低的薄壁管胀形速率，可采集到失稳阶段的应变数据。

关于薄壁管双轴可控胀形试验的具体内容可参见 4.5.1 节，在此不再赘述。

7.1.3 薄壁管双面加压胀形

前述的薄壁管轴向定约束和轴向变约束胀形试验，管坯都是在胀形压力和轴向载荷作用下变形。对于各向异性明显或具有静水应力敏感性的材料，沿坯料厚度方向的载荷对材料的力学性能和塑性变形可能存在较大影响。为此，需要建立能实现薄壁管双面加压胀形的试验方法[52,53]。

1. 理论模型

管坯双面加压胀形原理如图 7-13 所示，管坯在内压、外压共同作用下发生胀形直至开裂。由于管坯内外表面同时受到压应力，材料处于三向应力状态，静水应力增加。管坯内外复合加压时的受力平衡，如图 7-13(b) 所示，图中 p_i 为内压，p_e 为外压，r_i 为管坯内半径，t 为管坯厚度。管坯沿环向的力学平衡方程为

$$p_i = p_e \left(\frac{r_i + t}{r_i} \right) + \frac{\sigma_\theta t}{r_i} \tag{7-34}$$

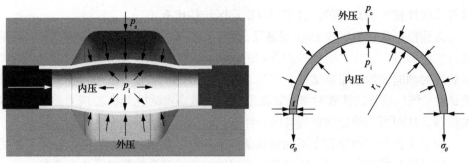

(a) 内外压胀形示意图 (b) 内外压平衡示意图

图 7-13 薄壁管双面加压胀形试验原理图

为使管坯的环向应力为 0，内外压应满足关系：

$$p_i = p_e \left(\frac{r_i + t}{r_i} \right) \tag{7-35}$$

在建立外压阶段，需保证内、外压满足特定关系。若内、外压差大于设定值，则可能在建立外压阶段管坯已发生胀形；如果外压大，则管坯易在外压作用下发生环向压缩失稳。为保证内压和外压按预定路径准确地进行加载与卸载，外压的密封以及内压、外压的匹配加载与卸载非常关键。

内外压加载路径如图 7-14 所示。试验中须先将内压和外压按一定的比例关系增加到目标值，称 $T_0 \sim T_1$ 阶段为外压建立阶段；当达到 T_1 后，外压保持不变，继续增加内压，直至管坯破裂，称 $T_1 \sim T_2$ 阶段为胀形阶段，T_2 时刻对应的压差应足以使管坯破裂；管坯破裂后，内外压连通，随后同时卸载内外压。

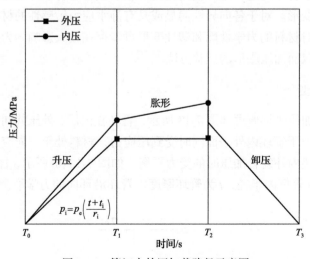

图 7-14 管坯内外压加载路径示意图

管坯双面加压胀形时的几何关系如图 7-15(a) 所示，管坯两端采用轴向固定约束，其中 R_0 为管坯初始外半径，t_0 为初始厚度，L_0 为胀形区长度，R_d 为模具圆角半径。管坯在双面加压作用下发生胀形，厚度方向的应力不能忽略，必须按三维应力状态处理。

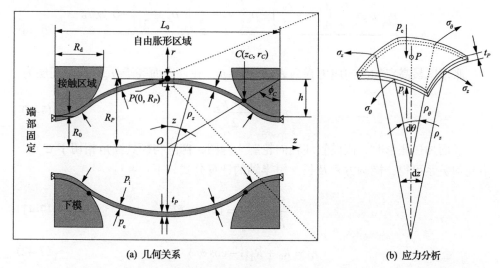

图 7-15 管坯内外压加载时的几何关系和应力分析

为求解环向应力 σ_θ，取胀形区最高点 P 处的微小区域进行力学分析，如图 7-15(b) 所示，由厚度方向的力学平衡条件可推导得到

$$-2\sigma_z \sin\frac{dz}{2}\rho_\theta d\theta t_P - 2\sigma_\theta \sin\frac{d\theta}{2}\rho_z dz t_P + p_i\left(\rho_\theta - \frac{t_P}{2}\right)d\theta\left(\rho_z - \frac{t_P}{2}\right)dz \\ -p_e\left(\rho_\theta + \frac{t_P}{2}\right)d\theta\left(\rho_z + \frac{t_P}{2}\right)dz = 0 \tag{7-36}$$

式中，ρ_z 和 ρ_θ 分别为胀形区最高点中间层的轴向和环向曲率半径；p_i 和 p_e 分别表示内压和外压；t_P 为胀形区最高点的壁厚。

整理式(7-36)可得

$$\frac{\sigma_z}{\rho_z} + \frac{\sigma_\theta}{\rho_\theta} = \frac{p_i\left(\rho_\theta - \frac{t_P}{2}\right)\left(\rho_z - \frac{t_P}{2}\right) - p_e\left(\rho_\theta + \frac{t_P}{2}\right)\left(\rho_z + \frac{t_P}{2}\right)}{\rho_\theta \rho_z t_P} \tag{7-37}$$

由胀形区最高点的轴向力学平衡条件，可求得最高点的轴向应力为

$$\sigma_z = \frac{p_i(\rho_\theta - t_P/2)^2 - p_e(\rho_\theta + t_P/2)^2}{2t_P\rho_\theta} \tag{7-38}$$

将式(7-38)代入式(7-37)，即可求得胀形区最高点处的环向应力：

$$\sigma_\theta = \frac{p_i\left(\rho_\theta - \frac{t_P}{2}\right)\left(\rho_z - \frac{t_P}{2}\right) - p_e\left(\rho_\theta + \frac{t_P}{2}\right)\left(\rho_z + \frac{t_P}{2}\right) - \sigma_z\rho_\theta t_P}{\rho_z t_P} \tag{7-39}$$

胀形区最高点的法向应力在内表面等于$-p_i$，在外表面等于$-p_e$，在中间层为

$$\sigma_t = -\frac{p_i + p_e}{2} \tag{7-40}$$

双面加压胀形时，假设管坯轴向轮廓为椭圆，椭圆与模具圆角相切于 C 点。由几何关系可得，椭圆方程及长、短半轴的计算公式如下：

$$\frac{r^2}{R_P^2} + \frac{z^2}{R_z^2} = 1 \tag{7-41}$$

$$r_C = R_0 + R_d(1 - \cos\phi_C) \tag{7-42}$$

$$z_C = \frac{L_0}{2} - R_d \sin\phi_C \tag{7-43}$$

$$R_P = \sqrt{r_C(r_C + z_C \tan\phi_C)} \tag{7-44}$$

$$R_z = \sqrt{z_C(z_C + r_C \cot\phi_C)} \tag{7-45}$$

进一步，可得胀形区最高点中间层的环向与轴向曲率半径 ρ_θ 和 ρ_z 分别为

$$\rho_\theta = \rho_{\theta e} - \frac{t_P}{2} = R_P - \frac{t_P}{2} \tag{7-46}$$

$$\rho_z = \rho_{ze} - \frac{t_P}{2} = \frac{R_z^2}{R_P} - \frac{t_P}{2} \tag{7-47}$$

式中，$\rho_{\theta e}$、ρ_{ze} 分别为胀形区最高点外层的环向和轴向的曲率半径

对于胀形区最高点中间层上的应变分量，环向和厚度方向的应变可以分别表示为

$$\varepsilon_\theta = \ln\frac{R_P - t_P/2}{R_0 - t_0/2} \tag{7-48}$$

$$\varepsilon_t = \ln\frac{t_P}{t_0} \tag{7-49}$$

胀形区最高点的轴向应变可以由体积不变条件求得，如式(7-50)所示：

$$\varepsilon_z = \ln\frac{t_0(2R_0 - t_0)}{t_P(2R_P - t_P)} \tag{7-50}$$

2. 试验装置及流程

薄壁管双面加压胀形试验装置如图 7-16 所示。模具主要由外圆筒、芯棒、模腔、压块和基板，以及芯棒/基板、外圆筒/基板之间界面上的密封件组成。增压器 A 通过芯棒上的内压入口将高压液体充入管坯内部，增压器 B 通过外圆筒上的外压入口将高压液体施加在管坯外部。

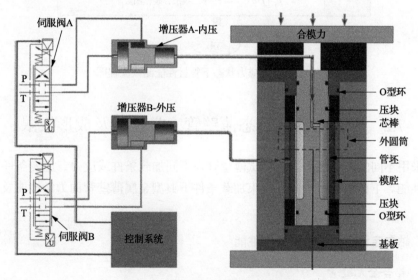

图 7-16 薄壁管双面加压胀形装置

利用薄壁管双面加压胀形装置，测试三维应力状态下管材力学性能的流程如图 7-17 所示。测试前，需要测量管坯的初始壁厚 t_0、初始半径 R_0、管坯总长 L 和胀形区长度 L_0。胀形过程中需要测量内压 p_i、外压 p_e 以及胀形高度 h。胀形结束后，需要测量胀形区最高点壁厚 t_P。由于无法实时测量胀形高度，对于同一种外压条件进行多次胀形试验，测量并记录每个中间状态的胀形高度和最高点壁厚。假设胀形区轮廓形状为椭圆，计算胀形区最高点的等效应力和等效应变，再根据选定的屈服准则和硬化方程即可获得三维应力状态下的等效应力-应变曲线。

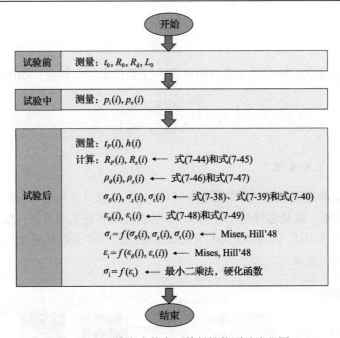

图 7-17 三维应力状态下管材性能测试流程图

7.2 轴向定约束状态薄壁管力学性能及成形极限

采用不同的胀形试验,可测试薄壁管在不同加载条件或应力、应变条件下的变形性能。下面将介绍轴向定约束加载条件下典型金属薄壁管的力学性能及成形性能。

7.2.1 轴向定约束条件下的力学性能

1. 铝合金无缝管

测试材料为 AA6061-O 铝合金挤压无缝管,退火态,初始外径 50 mm,壁厚 1.8mm。进行管端轴向固定形式的胀形试验,胀形区长径比从 1.2 变化至 2.0,模具圆角半径 5mm。图 7-18 为试验获得的等效应力-应变曲线。图中,离散点是采用胀形试验数据直接计算得到的试验点,实线为采用薄壁管定约束自由胀形理论模型和基于"线性法"壁厚模型计算得到的等效应力-应变曲线。可以看到,对于图中所示任意长径比管材,采用"线性法"的等效应力-应变曲线与试验点基本重合,这进一步验证了 t_P 与 h 的线性关系或"线性法"的合理性。

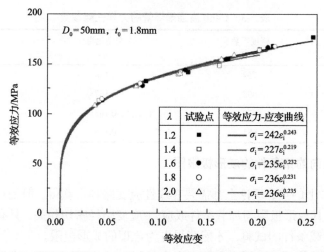

图 7-18 试验获得的 AA6061-O 铝合金挤压无缝管等效应力-应变曲线

表 7-2 为 AA6061-O 铝合金管材的强度系数 K、应变硬化指数 n 及膨胀率 δ。可以看出，对于所测试的 AA6061-O 铝合金无缝管，胀形试验获得的强度系数 K 与应变硬化指数 n 非常接近，而膨胀率 δ 随长径比的增加逐渐减小。

表 7-2　AA6061-O 铝合金无缝管的力学性能参数

长径比 λ	强度系数 K/MPa	应变硬化指数 n	膨胀率 δ/%
1.2	242	0.243	24.7
1.4	227	0.219	21.4
1.6	235	0.232	20.8
1.8	236	0.231	20.8
2.0	236	0.235	19.2

2. 高强钢焊管

材料为 C440 高强钢焊管，初始外径 63.5mm，壁厚 2.0mm。对胀形区长径比从 1.2 至 1.8 的管坯进行两端轴向固定胀形试验。采用"线性法"获得不同长径比条件下的等效应力-应变曲线，并处理获得对应的力学性能参数列于表 7-3。可以看到，在不同胀形区长径比条件下测得的力学性能参数有明显差异。随着长径比增加，测得的强度系数 K、应变硬化指数 n 显著降低，当长径比为 1.8 时，这些参数基本不再变化。从表中还可看出，屈服强度的变化幅度较小，极限膨胀率随长径比的增加显著减小。

表 7-3 C440 高强钢焊管的力学性能参数

长径比 Λ	强度系数 K/MPa	应变硬化指数 n	膨胀率 δ/%
1.2	754	0.188	28.60
1.4	692	0.167	22.18
1.6	679	0.163	21.67
1.8	681	0.165	19.66

7.2.2 基于轴向约束条件的成形极限图

传统 FLC 上的点，理论上都需要在线性应变路径下获得。但是对于各向异性明显的材料，其成形极限与加载条件或应力/应变路径密切相关，只有通过可模拟或复现实际加载条件的试验，才能获得更为合理的成形极限。

前面介绍的管端轴向固定和轴向自由的胀形试验，对应两种常见且重要的加载变形方式，薄壁管胀形时的应力/应变路径主要由端部约束条件和胀形区长径比两个条件决定。基于此，提出一种新的 FLD，其纵坐标为胀形区长径比 λ，左横坐标为环向应变 ε_θ，右横坐标为轴向应变 ε_z。根据 AA6061-O 铝合金无缝管在不同约束条件下的胀形试验所得的极限应变，分别绘制了图 7-19 和图 7-20 所示的新 FLD。

与传统的基于极限应变的 FLD 相比，新的 FLD 由薄壁管胀形试验确定，图中的极限应变点对应一个与实际变径管件内高压成形类似的非线性加载路径。因此，新的 FLD 能够更好地预测变径类薄壁管件内高压成形时管坯的成形性能，可为成形工艺制定、工艺参数优化提供全新的依据。

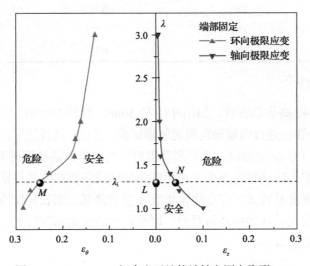

图 7-19 AA6061-O 铝合金无缝管端轴向固定胀形 FLD

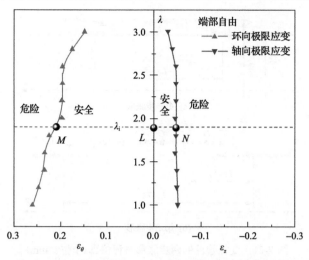

图 7-20　AA6061-O 铝合金无缝管端轴向自由胀形 FLD

假设有一个具有变径管特征的管件需通过内高压成形工艺制造，管端约束条件类似轴向固定或轴向自由，胀形区长径比为 λ_i。通过理论分析或有限元分析，可确定胀形区的最大环向应变和轴向应变。在图 7-19（或图 7-20）所示的新 FLD 上作水平线 $\lambda = \lambda_i$，与纵坐标交于点 L，与左侧的环向极限应变曲线交于点 M，与右侧轴向极限应变曲线交于点 N。将该管件的最大环向应变和最大轴向应变分别标在水平线 $\lambda = \lambda_i$ 上。若两点分别落在左侧的安全区 ML 段和右侧的安全区 NL 段，则说明成形该零件时不会出现颈缩和开裂。反之，如果最大环向应变点和最大轴向应变点中的一个或两个落在 M 点和 N 点之外的区域，则说明该零件成形时存在颈缩或开裂危险。此时，需要考虑调整或优化长径比或端部约束条件。

举例说明，某变径管件胀形区长径比为 1.8，最大环向应变为 0.21。由图 7-20 可知，端部轴向自由胀形且 $\lambda = 1.8$ 时，AA6061-O 铝合金无缝管的环向极限应变为 0.223。因此，该管件可以在端部自由条件下顺利成形。但是，如果此变径管件只是零件的一部分，无法实现端部自由条件，则需要考虑在端部固定条件下成形的可行性。由图 7-19 可知，当端部轴向固定胀形且 $\lambda = 1.8$ 时，AA6061-O 铝合金无缝管的环向极限应变仅为 0.173。因此，不能直接在端部固定条件下获得此管件。

考虑到长径比越小，环向极限应变越大，因此可采用多步胀形且每步胀形时长径比均较小的工艺来成形该管件。图 7-21 所示为两步胀形的仿真结果。

如图 7-21(a) 所示，第一步胀形时的长径比为 1.2。中心点 C 处中性层的最终环向应变和轴向应变分别为 0.227 和 0.019。由图 7-19 可知，端部固定且 $\lambda = 1.2$ 时，AA6061-O 铝合金无缝管的环向极限应变为 0.270，轴向极限应变为 0.05。因此，在第一步胀形过程中不会发生破裂。

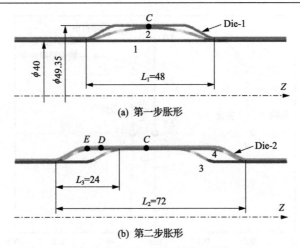

图 7-21 变径管件的两步胀形过程仿真(单位：mm)

如图 7-21(b)所示，第二步胀形时，胀形区长度 L_3 = 24mm。假设已贴靠模腔的材料在后续胀形过程中不会滑动，即胀形区 L_3 的两端为固定状态。由于胀形区一端已发生胀形，考虑对称性，第二步的初始长径比为 $2L_3/D_0$ = 1.2。D 点和 E 点的最终环向应变和轴向应变分别为(0.227, 0.014)和(0.229, 0.037)，在第二步胀形时也不会出现破裂。因此，采用端部固定的两步胀形方案可获得上述变径管件。

7.3 轴向变约束状态薄壁管力学性能及成形极限

第 4 章介绍了薄壁管双轴可控胀形试验方法，在管坯胀形压力增加的同时实时调整管端的力/位移条件，可获得预定的加载路径或应力/应变路径。为了与 7.2 节介绍的管端轴向定约束的胀形试验对应，将双轴可控胀形试验称为轴向变约束状态胀形试验。下面将介绍轴向变约束胀形试验测得的薄壁管力学性能及成形极限。

7.3.1 平面应力线性加载条件力学性能及成形极限

通过薄壁管双轴可控加载试验，进行了 AA6061-F 铝合金薄壁管的线性加载胀形试验，管坯外径 40mm，壁厚 1.2mm，F 表示管坯为挤压加工态。胀形后试样如图 7-22 所示。可以看出，随轴向与环向应力比的增加，试样轴向伸长逐渐增加而胀形高度逐渐减小。轴环应力比为 0～0.75 时，裂纹沿管坯轴向；轴环应力比为 0.875～2.0 时，裂纹沿管坯环向。

试验获得的各管试样的应力加载路径如图 7-23 所示。按照轴环应力比为 0(环向单拉)加载时，应力路径在胀形末期偏离设定线性路径，而其他试验的应力路径与设定线性路径吻合良好。

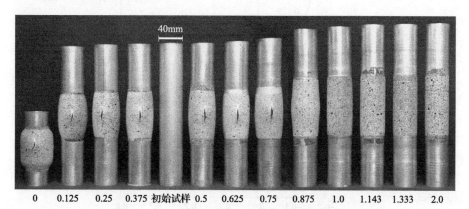

图 7-22 AA6061-F 铝合金薄壁管线性加载后试样

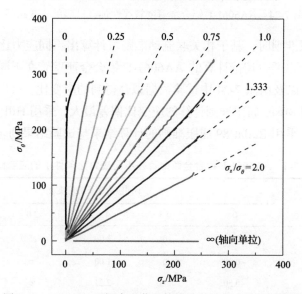

图 7-23 AA6061-F 铝合金薄壁管线性试验的应力加载路径

图 7-24 所示为试验测得的应变路径。可以看出，在发生分散性失稳到破裂阶段，应变路径向平面应变状态偏转。轴环应力比为 0～0.75 时，应变路径向 $d\varepsilon_z = 0$ 的平面应变状态偏转；轴环应力比为 0.875 至∞(对应轴向单拉)时，应变路径向 $d\varepsilon_\theta = 0$ 的平面应变状态偏转。

对沿管材轴向切取的剖条试样进行单向拉伸测试得到轴向的厚向异性系数 r_z=0.454；根据轴环应力比为 0 的管胀形试验结果获得环向的厚向异性系数 r_θ 为 1.000。据此可以确定 AA6061-F 铝合金管的 Hill'48 屈服准则的参数：G=0.688，H=0.312，F=0.312；Barlat'89 屈服准则的参数：a=1.210，c=0.790，h=0.790。

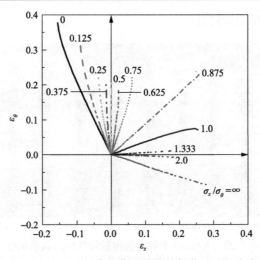

图 7-24　AA6061-F 铝合金薄壁管线性加载试验的应变路径

当选定屈服准则时,基于相关联流动准则可计算出不同应力比条件下的应变比。表 7-4 中给出通过理论计算的 AA6061-F 铝合金薄壁管在不同轴环应力比条件下的应变比,以及由图 7-24 中试验数据拟合得到的应变比。可以看出,与试验结果相比,采用 Mises 屈服准则计算的应变比偏差最大,采用 Hill'48 屈服准则计算的偏差次之,采用 Barlat'89 屈服准则的计算结果与试验结果吻合较好。

表 7-4　AA6061-F 铝合金薄壁管在不同应力比条件下的应变比

屈服准则	不同应力比下的应变比				
	0	0.5	1.0	2.0	∞
试验值	−0.50	0	3.00	−25.0	−3.20
Mises	−0.50	0	1.00	∞	−2.00
Hill'48	−0.50	0.40	2.21	∞	−3.20
Barlat'89	−0.43	0.04	5.21	−73.9	−3.20

采用 Mises、Hill'48 和 Barlat'89 三种屈服准则分别计算 AA6061-F 铝合金薄壁管在不同应力比条件下变形时的等效应力-应变曲线,如图 7-25 所示。可以看出,在从轴向单拉到环向单拉的双向拉伸应力范围内,三种屈服准则计算的等效应力-应变曲线均比较分散。在从环向单拉到双向等拉的双向拉伸应力范围内,采用 Mises 屈服准则计算的应力-应变曲线分布最集中,且轴环应力比越小曲线位置越高。而采用 Hill'48 屈服准则和 Barlat'89 屈服准则计算的应力-应变曲线分布比较分散,且轴环应力比越小曲线位置越低。

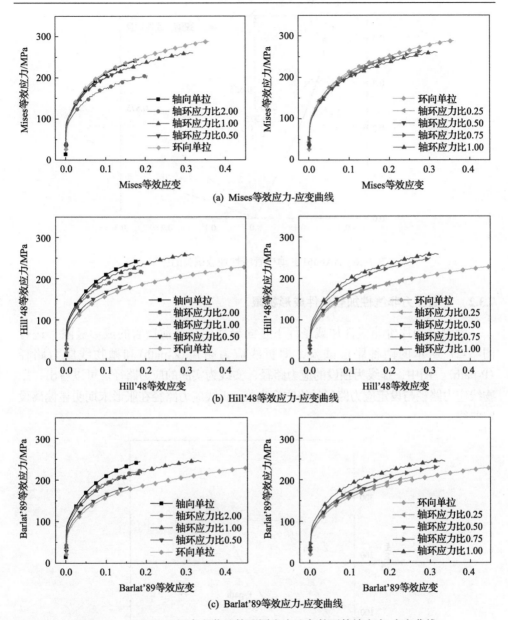

图 7-25 AA6061-F 铝合金薄壁管不同应力比条件下等效应力-应变曲线

通过应变速率突变法，确定了 AA6061-F 铝合金薄壁管线性加载条件下的极限应变，如图 7-26 所示。"拉-压"变形区，颈缩应变点的连线近似为一条直线，在轴环应力比为 0.5 条件下，颈缩时的环向应变值最小；"拉-拉"变形区，颈缩应变点基本处于同一水平，即颈缩时的环向应变值相近，但轴向应变差异明显。

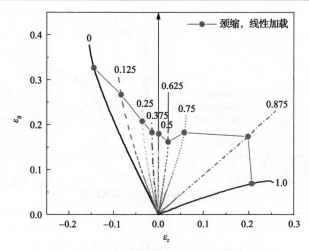

图 7-26　AA6061-F 薄壁管线性加载试验的极限应变

7.3.2　平面应力非线性加载条件成形极限

为测试和评价非线性加载条件下各向异性铝合金薄壁管的成形极限，进行图 7-27 所示的两种胀形试验，即折线应力路径(Z-path)和抛物线应力路径(P-path)。图中，虚线为预设的应力路径，实线为实测的应力路径。可以看出，抛物线应力路径与设定应力路径始终吻合良好，折线应力路径在胀形末期明显偏离设定曲线。

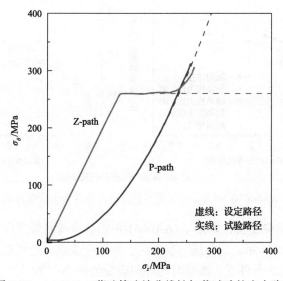

图 7-27　AA6061-F 薄壁管连续非线性加载试验的应力路径

图 7-28 所示为试验测得的应变路径。对于折线加载路径，在应力比为 0.5 的

加载阶段，对应平面应变状态；当应力状态越过转折点后，轴向应力不断增大而环向应力保持不变，可发现应变路径向右快速偏转；断裂前，应变路径又向 $d\varepsilon_z = 0$ 的平面应变状态偏转。对于抛物线加载路径，变形从平面应变状态开始；随着变形程度的增加，轴环应力比逐渐减小，轴环应变增量比随之逐渐减小，应变路径逐渐向上偏转；断裂前，应变路径向 $d\varepsilon_\theta = 0$ 的平面应变状态偏转。

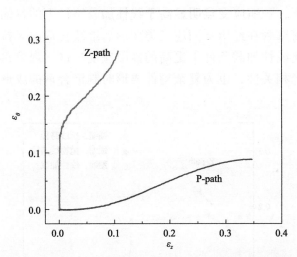

图 7-28 AA6061-F 薄壁管连续非线性加载试验的应变路径

通过应变速率突变法，确定了 AA6061-F 铝合金薄壁管线性加载和连续非线性加载条件下的极限应力，如图 7-29 所示。可以看出，对于折线和抛物线

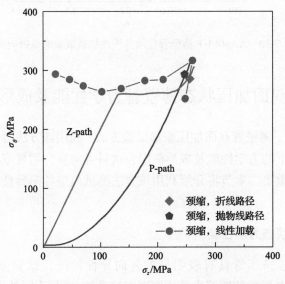

图 7-29 AA6061-F 薄壁管线性和连续非线性加载试验的极限应力

两种连续非线性加载条件，颈缩应力都与线性加载条件下的颈缩应力曲线吻合良好。这说明连续非线性加载前期的平面应变类变形对极限应力未产生明显影响。

图 7-30 中同时给出了 AA6061-F 铝合金薄壁管折线和抛物线加载时的极限应变，以及线性加载时双向拉伸区的颈缩应变曲线。折线和抛物线两种连续非线性加载路径下，颈缩应变点明显高于线性加载路径下的颈缩应变曲线。这说明，铝合金薄壁管在经历平面应变类变形后继续在双向等拉应变状态下变形时，可获得比线性加载条件下更高的极限应变。这一现象再次说明了极限应变的加载路径相关性，也为复杂构件成形时制定合理的成形工艺提供了理论依据。

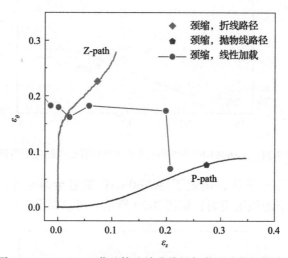

图 7-30 AA6061-F 薄壁管连续非线性加载试验的极限应变

7.4 双面加压状态薄壁管力学性能及成形极限

7.1.3 节介绍了薄壁管双面加压胀形试验方法。利用该方法可以测试材料在不同法向应力作用下的力学性能及成形极限，这对各向异性明显或具有静水应力敏感性的材料非常重要。本节将介绍利用该方法测试典型各向异性铝合金薄壁管的性能。

7.4.1 三向应力状态力学性能

5A02 铝合金挤压管具有较明显的各向异性特征，试验测得 $r_0 = 0.576$，$r_{90} = 0.475$。利用开发的薄壁管内外压胀形测试系统，进行不同外压 p_e 条件下 5A02

铝合金管的胀形试验，获得的等效应力-应变曲线如图 7-31 所示[53]。可见，采用 Mises 各向同性屈服准则和 Hill'48 各向异性屈服准则时，得到的曲线都低于轴向单向拉伸真实应力-应变曲线。外压 p_e 为 85MPa 时，所得的曲线与无外压条件下的试验非常接近。但是当外压 p_e 为 127.5MPa 时，所得硬化曲线要明显低于上述两种试验。K 值下降约 3.4%，而 n 值则增加 5.9%。这说明，当外压 p_e 数值达到一定值后，将对各向异性管材的硬化特性产生影响。

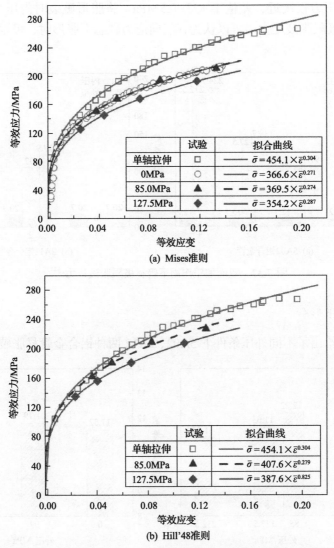

图 7-31 不同外压条件下 5A02 铝合金管材等效应力-应变曲线[53]

7.4.2 三向应力状态成形极限

1. 极限胀破压力

对 5A02 和 2A12 两种铝合金薄壁管进行内外压胀形试验，测得胀破裂时的内压、外压和压差如图 7-32 所示。在无外压作用时，胀破压力分别为 12MPa 和 20.7MPa。在施加不同的外压作用后，胀形破裂瞬间的内外压力差与无外压作用时的胀破压力很接近，差值不大于 0.5MPa。将胀形破裂时内压与外压 p_e 的差值定义为极限胀破压力。可以认为，三向应力状态下胀形时，极限胀破压力基本不变[54]。

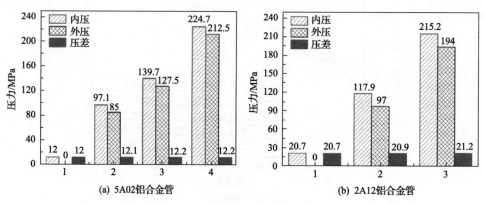

图 7-32 双面加压作用下管材极限胀破压力[54]

2. 极限胀形率

图 7-33 给出了不同外压条件下 5A02、2A12 两种铝合金管材胀破时的极限胀

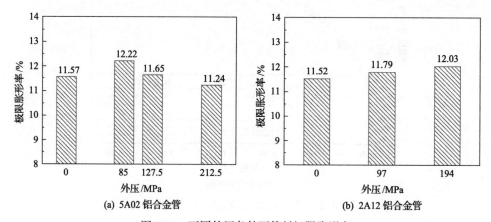

图 7-33 不同外压条件下管材极限胀形率

形率。由图可见，对于 5A02 铝合金管材，不同外压条件下极限胀形率的最大差别仅为 0.98 个百分点；对于 2A12 铝合金管材，最大差别仅 0.51 个百分点。因此，外压对管材胀破时的极限胀形率基本无影响。

3. 壁厚分布

图 7-34 和图 7-35 给出了铝合金管材胀形后的壁厚分布。对于所测试的 5A02 铝合金管材，其环向壁厚差为 7.50%～8.68%；对于 2A12 铝合金管材，其环向壁厚差为 4.96%～5.08%。即使将管材的法向应力(等于外压 p_e)增加到管材屈服强度 σ_s 的 2.5 倍，外压的存在对管材胀形后的壁厚分布也基本无影响。

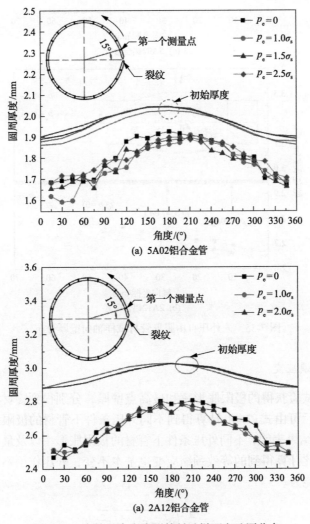

(a) 5A02铝合金管

(a) 2A12铝合金管

图 7-34　内外压自由胀形管材试样环向壁厚分布

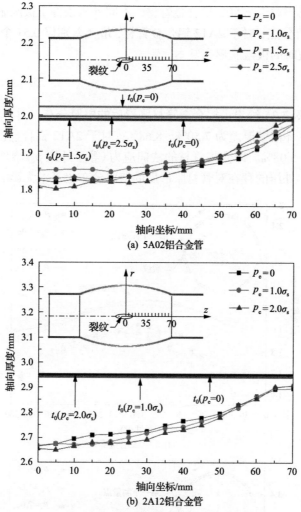

图 7-35 内外压自由胀形管材试样轴向壁厚分布

4. 等效颈缩应变

根据胀形试验获得的极限胀形率和最高点壁厚，分别得到管材的环向应变和法向应变。然后可由式(7-48)计算得到不同外压条件下管材的极限等效应变，如图 7-36 所示。结果表明，不同外压条件下管材的极限胀形率以及最高点的壁厚基本无变化，因此计算得到的等效颈缩应变也基本不变，外压作用不改变颈缩前的均匀塑性变形能力。

$$\varepsilon_i = \frac{2}{3}\sqrt{\varepsilon_\theta^2 - \varepsilon_\theta \varepsilon_t + \varepsilon_t^2} \tag{7-51}$$

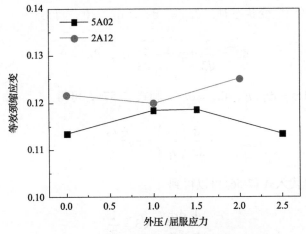

图 7-36 不同外压条件下管材等效颈缩应变

下面通过理论分析对上述现象进行解释。假设管材处于平面应变状态，且满足 Mises 各向同性屈服准则，环向应力为

$$\sigma_\theta = \frac{r_i(p_i - p_e)}{t_P} - p_e \tag{7-52}$$

管坯外表面的法向应力和轴向应力分别为

$$\begin{cases} \sigma_t = -p_e \\ \sigma_z = \frac{1}{2}(\sigma_\theta + \sigma_t) = \frac{r_i(p_i - p_e)}{2t_P} - p_e \end{cases} \tag{7-53}$$

所以，管坯外表面的等效应力 σ_i 为

$$\sigma_i = \frac{\sqrt{3}}{2} \frac{r_i(p_i - p_e)}{t_P} \tag{7-54}$$

整理式(7-54)可得

$$p_i = \frac{2}{\sqrt{3}} \sigma_i \frac{t_P}{r_i} + p_e \tag{7-55}$$

管坯在双面加压作用下胀形时，当由硬化导致的内压增加不能补偿减薄而导致压力降低时，变形将变得不稳定。根据式(7-55)可得

$$dp_i = \frac{2}{\sqrt{3}} \frac{t_P}{r_i} \frac{d\sigma_i}{d\varepsilon_i} + \frac{2}{\sqrt{3}} \sigma_i \frac{d}{d\varepsilon_i}\left(\frac{t_P}{r_i}\right) \delta\varepsilon_i = 0 \tag{7-56}$$

管坯处于平面应变状态时，$d\varepsilon_\theta = -d\varepsilon_t$，$d\varepsilon_z = 0$，可得

$$d\varepsilon_i = \frac{2}{\sqrt{3}} d\varepsilon_\theta = -\frac{2}{\sqrt{3}} d\varepsilon_t, \quad d\varepsilon_z = 0 \tag{7-57}$$

结合条件 $d\varepsilon_\theta = dr_i / r_i$、$d\varepsilon_t = dr/r$ 和式(7-57)，可得

$$\frac{d}{d\varepsilon_i}\left(\frac{t_P}{r_i}\right) = -\sqrt{3}\frac{t_P}{r_i} \tag{7-58}$$

将式(7-58)代入式(7-56)可以得到

$$\frac{1}{\sigma_i}\frac{d\sigma_i}{d\varepsilon_i} = \sqrt{3} = \frac{1}{Z} \tag{7-59}$$

式中，Z 为分切线模量。

因此，管材在双面加压作用下的临界等效应变为

$$\varepsilon_{ic} = nZ = \frac{n}{\sqrt{3}} \tag{7-60}$$

由式(7-57)可知，管材在双面加压作用下的颈缩应变只与 n 值有关，而与外压无关。

5. 等效断裂应变

假设管材发生断裂时处于平面应变状态。由体积不变条件可知，管材环向应变与厚向应变大小相等、方向相反。因此，等效断裂应变可由断口处的厚向应变确定：

$$\bar{\varepsilon}_f = \frac{2}{3}\sqrt{\varepsilon_\theta^2 - \varepsilon_\theta\varepsilon_t + \varepsilon_t^2} = \frac{2}{\sqrt{3}}|\varepsilon_t| \tag{7-61}$$

不同外压条件下的等效断裂应变如图 7-37 所示。可以发现，外压的增加可显著提高管坯的等效断裂应变。对于 5A02 铝合金管，当外压增加到 $2.5\sigma_s$ 时，等效断裂应变由 1.02 增加到 2.47，提高了 142.2%；对于 2A12 铝合金管，当外压增加到 $2.0\sigma_s$ 时，断裂应变由 0.23 增加到 0.96，增幅为 317.4%。

图 7-38 给出了 5A02、2A12 铝合金管材在不同外压条件下胀形后的断口形貌。当无外压时，断口表面布满均匀分布且深度较深的等轴韧窝。随着外压增加，断口表面上的等轴韧窝变得扁平，且韧窝的数量、尺寸及所占比例都明显减少。同时，韧窝方向也发生变化。无外压时，韧窝方向垂直于拉伸方向(纸面方向)，随

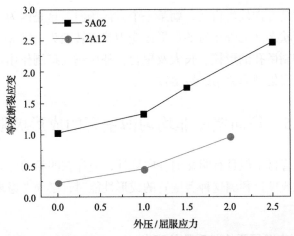

图 7-37 双面加压作用下外压对管材等效断裂应变的影响

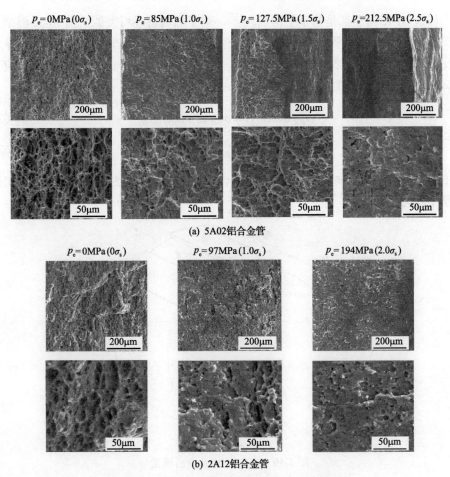

图 7-38 双面加压作用下外压对断口形貌的影响

着外压增加,韧窝方向发生偏转,朝某一个方向倾斜。这是因为,随着外压的增加,管材的应力状态从无外压时的近平面应力状态转变为三维应力状态。静水压力的增加可以抑制微孔的形核、长大及聚合,外压越大抑制作用越强烈,从而使开裂形式由微孔聚集型向剪切断裂型转变。

7.5 环向壁厚非均匀薄壁管的成形极限

轻合金挤压管材不但具有明显的各向异性,还存在明显的环向壁厚不均匀特性。在试验测试或理论预测这种薄壁管的成形性能时,必须考虑环向壁厚不均匀带来的影响。

7.5.1 M-K模型中壁厚不均匀系数的定义

传统 M-K 模型都是基于平面板坯[43],对于曲面管坯可类似给出 M-K 模型,如图 7-39 所示。假设管坯外表面沿轴向存在局部凹槽,且槽的尺寸与管径和厚度相比非常小,可以忽略槽对曲率的影响。根据微元体沿环向的力平衡条件和应变协调条件,得到如下关系:

$$\sigma_{\theta A} \exp(\varepsilon_{tA}) = \sigma_{\theta B} \exp(\varepsilon_{tB}) \cdot f_0 \tag{7-62}$$

$$f_0 = t_{B0}/t_{A0} \tag{7-63}$$

式中,$\sigma_{\theta A}$、$\sigma_{\theta B}$ 为环向应力;ε_{tA}、ε_{tB} 为厚向应变;t_{A0}、t_{B0} 为初始壁厚;f_0 为初始壁厚不均匀系数。

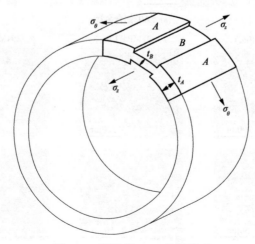

图 7-39 薄壁管 M-K 分析模型

在传统 M-K 模型中，决定预测成形极限的关键因素是初始壁厚不均匀系数 f_0。对于具有初始偏心度的薄壁挤压管，其变形行为和成形极限与挤压芯轴的偏心距离直接相关。如果能对薄壁挤压管的初始壁厚不均匀性进行合理表征，并建立管材壁厚不均匀性/偏心度与成形极限之间的关系，则薄壁挤压管成形极限的确定将变得非常方便[55]。

图 7-40 所示为具有一定偏心度的薄壁挤压管的环向壁厚分布。将环向最薄的区域视为传统 M-K 模型中的 B 区，则 B 区的壁厚定义为

$$\overline{t}_{B0} = t_{\min} \tag{7-64}$$

将与 B 区成 θ 角处的壁厚定义为 A 区的实际初始壁厚 $\overline{t}_{A0}$，其可表示为

$$\overline{t}_{A0} = R_1 - \sqrt{(R_2^2 - \sin^2 \theta \Delta d^2)} - \Delta d \cos \theta \tag{7-65}$$

式中，Δd 为挤压芯轴的偏心距离；R_1 和 R_2 分别为偏心管外轮廓和内轮廓的半径。

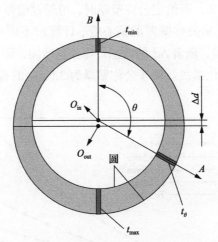

图 7-40　偏心管环向壁厚变化示意图

参考传统 M-K 模型中初始壁厚不均匀系数 f_0 的定义，定义偏心管的初始壁厚不均匀系数 $f_{0\theta}$：

$$f_{0\theta} = \frac{\overline{t}_{B0}}{\overline{t}_{A0}} = \frac{t_{\min}}{R_1 - \sqrt{R_2^2 - \sin^2 \theta \Delta d^2} - \Delta d \cos \theta} \tag{7-66}$$

Δd 相比 R_2 非常小，则 $\sin^2 \theta \Delta d^2 \ll R_2^2$。因此，式 (7-66) 可写为

$$f_{0\theta} = \frac{\bar{t}_{B0}}{\bar{t}_{A0}} = \frac{t_{\min}}{R_1 - R_2 - \Delta d \cos\theta} = \frac{\bar{t} - \Delta d}{\bar{t} - \Delta d \cos\theta} \tag{7-67}$$

式中，$\bar{t}$ 为平均壁厚或公称壁厚。

从图 7-40 和式(7-65)可以看到，若将 $\theta \approx 90°$ 的位置定义为 A 区，实际初始壁厚 $\bar{t}_{A0}$ 等于管的公称壁厚。式(7-67)可以重写为

$$f_{0\theta} = \frac{\bar{t} - \Delta d}{\bar{t}} = \frac{t_{\min}}{R_1 - R_2} = \frac{t_{\min}}{(t_{\max} + t_{\min})/2} = \frac{2}{k_t + 1} \tag{7-68}$$

在式(7-68)中，可以根据壁厚比 $k_t = t_{\max}/t_{\min}$ 直接确定 $f_{0\theta}$。$f_{0\theta}$ 的定义包含偏心挤压管的厚度偏差，因此利用 $f_{0\theta}$ 来表征这类管的初始壁厚不均匀性是合理的。

7.5.2 薄壁管偏心度对 FLC 的影响

根据新的 $f_{0\theta}$ 的定义，当给定公称壁厚时，可通过壁厚比 k_t 确定 $f_{0\theta}$。对于具有不同初始偏心度 Δd 和公称壁厚的偏心管，计算出不同壁厚比对应的 $f_{0\theta}$，如图 7-41 所示。可以看出，随着 Δd 的增加 k_t 将快速增加，而 $f_{0\theta}$ 相应减小。公称壁厚越小，k_t 和 $f_{0\theta}$ 的变化越快。对于公称壁厚为 3.0mm 的管坯，当 Δd 为 0.15mm 时，$f_{0\theta}$ 仅为 0.95。

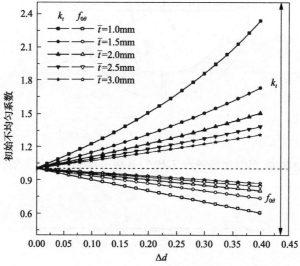

图 7-41　基于偏心度 Δd 计算的初始壁厚不均匀系数 $f_{0\theta}$

定义 φ 为等效应力 σ_i 和环向应力 σ_θ 的比值：

$$\varphi = \sigma_i/\sigma_\theta \tag{7-69}$$

假设材料 A 区和 B 区都满足幂指数硬化：

$$\sigma_i = K\varepsilon_i^n \tag{7-70}$$

将式(7-69)和式(7-70)代入式(7-62)，式(7-62)可改写为

$$\frac{1}{\varphi_A}K_A\bar{\varepsilon}_A^{n_A}\exp(\varepsilon_{tA}) = \frac{f_{0\theta}}{\varphi_B}K_B\bar{\varepsilon}_B^{n_B}\exp(\varepsilon_{tB}) \tag{7-71}$$

式中，$\varphi_A = \sigma_{iA}/\sigma_{\theta A}$；$\varphi_B = \sigma_{iB}/\sigma_{\theta B}$；$\bar{\varepsilon}_A$、$\bar{\varepsilon}_B$ 为等效应变；K_A、K_B 分别为 A 区与 B 区的强度系数；n_A、n_B 分别为 A 区与 B 区的应变硬化指数。

在式(7-71)中，为计算 φ 值需要确定屈服准则。为简化分析，采用 Hill'48 屈服准则并假设面内各向同性，其可表示为

$$\sigma_\theta^2 - \frac{2r}{1+r}\sigma_\theta\sigma_z + \sigma_z^2 = \sigma_i^2 \tag{7-72}$$

结合式(7-69)和式(7-72)，可得 φ 表达式：

$$\varphi = \sigma_i/\sigma_\theta = \left(1 - \frac{2r}{1+r}\alpha + \alpha^2\right)^{1/2} \tag{7-73}$$

从式(7-73)可以看出，φ 由应力比 α 和厚向异性系数 r 决定。

利用上述改进的 M-K 模型和 Hill'48 屈服准则，预测了具有不同偏心度 Δd 的薄壁管的成形极限曲线，如图 7-42 所示。可以看出，随着 Δd 的增加，预测的成形极限线向下移动。当 Δd 为 0.01mm 时，计算出的 $f_{0\theta}$ 为 0.994。对于平面应变状态，当 Δd 从 0.01 增加到 0.4mm 时，Δd 每增加 0.05，主应变分别减小 0.052、0.039、0.019、0.020、0.012、0.013、0.008 和 0.009。Δd 越大，其变化对预测的极限应变影响越小。换言之，根据修正的 M-K 模型，当 $f_{0\theta}$ 接近 1.0 时，预测的 FLC 对 $f_{0\theta}$ 的变化非常敏感。随着 Δd 的增加，Δd 对 FLC 的影响程度逐渐降低。

在图 7-42 中，当 Δd 为 0.1mm 时，$f_{0\theta}$ 为 0.994，明显小于传统 M-K 模型预测金属板 FLC 时使用的 f_0 值。在实践中，Δd =0.1mm 对于公称壁厚为 1.8mm 的挤压管而言非常常见。因此，在预测此类壁厚非均匀的管材的成形极限时应充分考虑偏心度的影响。

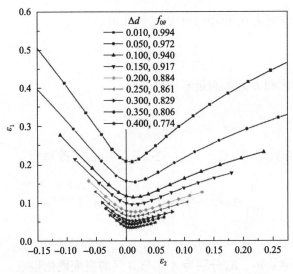

图 7-42 改进的 M-K 模型预测的成形极限曲线

7.5.3 铝合金挤压管的成形极限

为验证上述改进的 M-K 模型，对初始偏心的 AA6061-F 铝合金无缝挤压管进行双轴可控胀形试验。AA6061-F 铝合金管外径为 40mm，公称壁厚 $\bar{t}$ 为 1.8mm。测量所得 $t_{\max}$、$t_{\min}$ 以及对应的 k_t 和 $f_{0\theta}$ 在表 7-5 中列出。初始偏心度为 0.08mm，约为公称壁厚的 4.4%。该壁厚精度远优于实践中常见的壁厚公差±10%。为了捕捉断裂前的极限应变，试验时集中监测环向壁厚最薄的位置。实时控制胀形压力和轴向载荷，使管坯试样按设定的线性应变路径加载直至破裂。

表 7-5 AA6061-F 铝合金挤压管壁厚值及对应的 k_t 和 $f_{0\theta}$

材料	$\bar{t}$/mm	$t_{\max}$/mm	$t_{\min}$/mm	k_t	$f_{0\theta}$
AA6061-F	1.80	1.88	1.72	1.093	0.9556

试验过程中的应变路径和试验后的管试样如图 7-43 所示。根据表 7-5 中计算出的初始壁厚不均匀系数 $f_{0\theta}=0.9556$，采用修正的 M-K 模型预测了 AA6061-F 管材的 FLC，如图 7-44 所示，图中同时给出了试验得到的极限应变点。可以看出，改进的 M-K 模型预测的 FLC 与试验点吻合良好，在接近平面应变状态下预测误差最小；在接近等双拉应变状态下，预测值略高于实测值。

众所周知，在传统 M-K 模型中，通过试验确定的金属薄板的初始壁厚不均匀系数 f_0 非常接近 1.0，而 f_0 的轻微变化将导致预测 FLC 的明显变化。在新的 M-K 模型中，其预测结果同样取决于 $f_{0\theta}$ 的数值。但是，最大厚度和最小厚度都是直

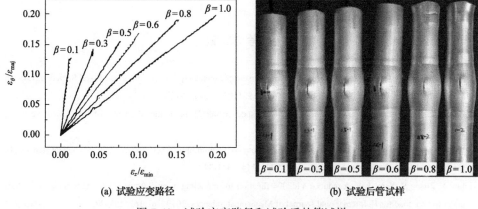

(a) 试验应变路径 (b) 试验后管试样

图 7-43 试验应变路径和试验后的管试样

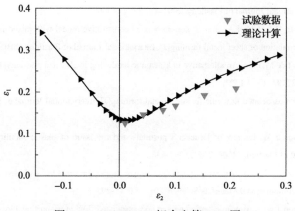

图 7-44 AA6061-F 铝合金管 FLC 图

接从管坯上准确测得的,且一般情况下系数 $f_{0\theta}$ 已偏离 1.0 较多,因此所预测的 FLC 对 $f_{0\theta}$ 的敏感性明显降低。

需要指出,对于薄壁挤压无缝管,环向的初始壁厚偏差是不可避免的。挤压管的环向厚度不均匀性与金属薄板卷焊管材不同。虽然可以通过控制挤压芯轴的偏心度来提高厚度的均匀性,但将对挤压机和模具提出很高要求。因此,采用新的 M-K 模型建立薄壁管的成形极限与偏心度之间的关系具有重要的工程应用价值。对于其他具有初始壁厚偏差的管,同样可以采取类似的方法定义初始壁厚不均匀系数 f_0,进而预测薄壁管的成形极限。

参 考 文 献

[1] Hill R. A Theory of the yielding and plastic flow of anisotropic metals[J]. Proceedings of the Royal Society of London. Series A, Mathematical and Physical Sciences, 1948, 193(1033): 281-297.

[2] Pearce R. Some aspects of anisotropic plasticity in sheet metals[J]. International Journal of Mechanical Sciences, 1968, 12(10): 995-1004.

[3] Woodthrope J, Pearce R. The anomalous behaviour of aluminium sheet under balanced biaxial tension[J]. International Journal of Mechanical Sciences, 1970, 12(4): 341-347.

[4] Lou Y, Zhang S, Yoon J W. A reduced Yld2004 function for modeling of anisotropic plastic deformation of metals under triaxial loading[J]. International Journal of Mechanical Sciences, 2019, 161-162: 105027.

[5] Yoshida F, Uemori T. A model of large-strain cyclic plasticity describing the Bauschinger effect and work hardening stagnation[J]. International Journal of Plasticity, 2002, 18(5-6): 661-686.

[6] Taherizadeh A, Green D E, Ghaei A, et al. A non-associated constitutive model with mixed iso-kinematic hardening for finite element simulation of sheet metal forming[J]. International Journal of Plasticity, 2010, 26(2): 288-309.

[7] Barlat F, Gracio J J, Lee M, et al. An alternative to kinematic hardening in classical plasticity[J]. International Journal of Plasticity, 2011, 27(9): 1309-1327.

[8] Stoughton T B. A non-associated flow rule for sheet metal forming[J]. International Journal of Plasticity, 2002, 18(5): 687-714.

[9] Stoughton T B, Yoon J W. Review of Drucker's postulate and the issue of plastic stability in metal forming[J]. International Journal of Plasticity, 2006, 22(3): 391-433.

[10] Safaei M, Lee M, Zang S, et al. An evolutionary anisotropic model for sheet metals based on non-associated flow rule approach[J]. Computational Materials Science, 2014, 81: 15-29.

[11] Stoughton T B, Yoon J W. Anisotropic hardening and non-associated flow in proportional loading of sheet metals[J]. International Journal of Plasticity, 2009, 25(9): 1777-1817.

[12] Kuwabara T. Advances in experiments on metal sheets and tubes in support of constitutive modeling and forming simulations[J]. International Journal of Plasticity, 2007, 23(3): 385-419.

[13] Banabic D. Sheet Metal Forming Processes: Constitutive Modelling and Numerical Simulation[M]. Berlin: Springer-Verlag, 2009.

[14] 苑世剑. 现代液压成形技术[M]. 北京: 国防工业出版社, 2009.

[15] Arrieux R. Determination and use of the forming limit stress diagrams in sheet metal forming[J]. Journal of Materials Processing Technology, 1995, 53(1): 47-56.

[16] Stoughton T B, Zhu X. Review of theoretical models of the strain-based FLD and their relevance to the stress-based FLD[J]. International Journal of Plasticity, 2004, 20(8): 1463-1486.

[17] Stoughton T B, Yoon J W. Sheet metal formability analysis for anisotropic materials under non-proportional loading[J]. International Journal of Mechanical Sciences, 2005, 47(12): 1972-2002.

[18] 谢英, 万敏, 韩非. 板料成形极限应变与极限应力的转换关系[J]. 塑性工程学报, 2004, 11(3): 55-58.

[19] Yoshida K, Kuwabara T, Narihara K, et al. Experimental verification of the path-independence of forming limit stresses[J]. International Journal of Forming Processes, 2005, 8: 283-298.

[20] Gotoh M. A new plastic constitutive equation and its applications to forming limit problems of metal sheets[J]. Advanced Technology of Plasticity, 1984, 1: 695-700.

[21] Yoshida K, Kuwabara T, Kuroda M. Path-dependence of the forming limit stresses in a sheet metal[J]. International Journal of Plasticity, 2007, 23(3): 361-384.

[22] Hora P, Tong L, Berisha B. Modified maximum force criterion, a model for the theoretical prediction of forming limit curves[J]. International Journal of Material Forming, 2011, 6(2): 267-279.

[23] Manopulo N, Peters P, Gorji M, et al. Prediction of localized necking for nonlinear strain paths using the modified maximum force criterion (MMFC) and the homogeneous anisotropic hardening mode (HAH)[J]. American Institute of Physics, 2013, 1567: 386-389.

[24] Barlat F, Ha J, Grácio J J, et al. Extension of homogeneous anisotropic hardening model to cross-loading with latent effects[J]. International Journal of Plasticity, 2013, 46(7): 130-142.

[25] Kuwabara T, Sugawara F. Multiaxial tube expansion test method for measurement of sheet metal deformation behavior under biaxial tension for a large strain range[J]. International Journal of Plasticity, 2013, 45(2): 103-118.

[26] 林艳丽. 管材力学性能直接测试及 FLD 的建立[D]. 哈尔滨: 哈尔滨工业大学, 2009.

[27] Banabic D. 金属板材成形工艺-本构模型及数值模拟[M]. 何祝斌, 林艳丽, 刘建光, 译. 北京: 科学出版社, 2015.

[28] Barlat F, Lian K. Plastic behavior and stretchability of sheet metals. Part I: A yield function for orthotropic sheets under plane stress conditions[J]. International Journal of Plasticity, 1989, 5(1): 51-66.

[29] Barlat F, Brem J C, Yoon J W, et al. Plane stress yield function for aluminum alloy sheets—Part 1: Theory[J]. International Journal of Plasticity, 2003, 19(9): 1297-1319.

[30] 何祝斌, 苑世剑, 查微微, 等. 管材环状试样拉伸变形的受力和变形分析[J]. 金属学报, 2008, 44(4): 423-427.

[31] 张坤. 各向异性薄壁管全应力域屈服特性与本构模型[D]. 哈尔滨: 哈尔滨工业大学, 2021.

[32] Zhang K, He Z, Zheng K, et al. Experimental verification of anisotropic constitutive models under tension-tension and tension-compression stress states[J]. International Journal of Mechanical Sciences, 2020, 178: 105618.

[33] Nazari Tiji S A, Park T, Asgharzadeh A, et al. Characterization of yield stress surface and strain-rate potential for tubular materials using multiaxial tube expansion test method[J]. International Journal of Plasticity, 2020, 133(C): 102838.

[34] Lee E, Stoughton T B, Yoon J W. A yield criterion through coupling of quadratic and non-quadratic functions for anisotropic hardening with non-associated flow rule[J]. International Journal of Plasticity, 2017, 99: 120-143.

[35] Wang Z R, Hu W, Yuan S J, et al. Engineering Plasticity: Theory and Applications in Metal Forming[M]. New York: John Wiley & Sons, 2018.

[36] Rockafellar R T. Convex Analysis[M]. 2nd ed. Princeton: Princeton University Press, 1972.

[37] Belytschk T, Li W, Mora B, et al. Nonlinear Finite Elements for Continua and Structures[M]. 2nd ed. Chichester: John Wiley & Sons Inc, 2014.

[38] 苑世剑, 何祝斌, 张坤, 等. 一种管材任意方向的厚向异性系数和屈服应力测定方法: 中国, CN201911186245.7[P]. 2020-02-07.

[39] Lăzărescu L, Comşa D, Nicodim I, et al. Characterization of plastic behaviour of sheet metals by hydraulic bulge test[J]. Transactions of Nonferrous Metals Society of China, 2012, 22: s275-s279.

[40] He Z, Zhu H, Lin Y, et al. A novel test method for continuous nonlinear biaxial tensile deformation of sheet metals by bulging with stepped-dies[J]. International Journal of Mechanical Sciences, 2020, 169: 105321.

[41] Barlat F, Vincze G, Grácio J J, et al. Enhancements of homogenous anisotropic hardening model and application to mild and dual-phase steels[J]. International Journal of Plasticity, 2014, 58: 201-218.

[42] Marron G, Moinier L, Patou P, et al. A new necking criterion for the forming limit diagrams[J]. Metallurgical Research & Technology, 1997, 94(6): 837-845.

[43] Marciniak Z, Kuczyński K. Limit strains in the processes of stretch-forming sheet metal[J]. International Journal of Mechanical Sciences, 1967, 9(9): 609-620.

[44] Clift S E, Hartley P, Sturgess C E N, et al. Fracture prediction in plastic deformation processes[J]. International Journal of Mechanical Sciences, 1990, 32(1): 1-17.

[45] Cockcroft M G, Latham D J. Ductility and the workability of metals[J]. Journal of the Institute of Metals, 1968, 96(1): 33-39.

[46] Brozzo P, Deluca B, Rendina R. A new method for the prediction of formability limits in metal sheets[C]// Proceedings of the Seventh Biennial Conference of the International Deep Drawing Research Group, Amsterdam, 1972.

[47] He Z, Yuan S, Lin Y, et al. Analytical model for tube hydro-bulging test, part I: Models for stress components and bulging zone profile[J]. International Journal of Mechanical Sciences, 2014, 87: 297-306.

[48] Hwang Y, Lin Y. Evaluation of flow stresses of tubular materials considering anisotropic effects by hydraulic bulge tests[J]. Journal of Engineering Materials and Technology, Transactions of the ASME, 2007, 3(129): 414-421.

[49] 林艳丽, 何祝斌, 苑世剑. 管材自由胀形时胀形区轮廓形状的影响因素[J]. 金属学报, 2010, 46(6): 729-735.

[50] He Z, Yuan S, Lin Y, et al. Analytical model for tube hydro-bulging tests, part II: Linear model for pole thickness and its application[J]. International Journal of Mechanical Sciences, 2014, 87: 307-315.

[51] Zhu H, He Z, Lin Y, et al. The development of a novel forming limit diagram under nonlinear loading paths in tube hydroforming[J]. International Journal of Mechanical Sciences, 2020, 172: 105392.

[52] Cui X, Wang X, Yuan S. The bulging behavior of thick-walled 6063 aluminum alloy tubes under double-sided pressures[J]. Journal of the Minerals, Metals, and Materials Society, 2015, 67(5): 909-915.

[53] Cui X L, Yuan S J. Determination of mechanical properties of anisotropic thin-walled tubes under three-dimensional stress state[J]. International Journal of Advanced Manufacturing technology, 2016, 87(5-8): 1917-1927.

[54] Cui X, Wang X, Yuan S. Experimental verification of the influence of normal stress on the formability of thin-walled 5A02 aluminum alloy tubes[J]. Journal of the Minerals, Metals & Materials Society, 2014, 88: 232-243.

[55] He Z, Wang Z, Lin Y, et al. A modified Marciniak-Kuczynski model for determining the forming limit of thin-walled tube extruded with initial eccentricity[J]. International Journal of Mechanical Sciences, 2019, 151: 715-723.

附录 国家标准

标准1 金属材料 管 测定双轴应力-应变曲线的液压胀形试验方法

国家标准，编号 GB/T 38719—2020，2020 年 3 月 31 日发布，2020 年 10 月 1 日实施。

1. 标准前言

本标准按照 GB/T 1.1—2009 给出的规则起草。

本标准由中国钢铁工业协会提出。

本标准由全国钢标准化技术委员会(SAC/TC 183)归口。

本标准起草单位：哈尔滨工业大学、大连理工大学、江苏界达特异新材料股份有限公司、冶金工业信息标准研究院、东莞材料基因高等理工研究院、深圳万测试验设备有限公司、鞍钢股份有限公司、宝山钢铁股份有限公司。

本标准主要起草人：何祝斌、苑世剑、王炜、李荣锋、董莉、林艳丽、凡晓波、黄星、吕丹、方健、侯慧宁、张坤、胡馨予、朱海辉。

2. 标准简介

本标准规定了应用管胀形试验测定金属管在双向应力状态无摩擦影响条件下的双轴应力-应变曲线的方法。和单向拉伸试验相比，本标准所提供的试验方法可以获得更大的应变量及接近管材实际成形时的应力状态。本标准规定了金属管胀形试样的轴向和环向曲率半径、应变、应力的测量方法和确定方法。

本标准规定了金属材料管双轴应力-应变曲线液压胀形试验的术语和定义、符号及说明、试验原理、设备、试样、试验程序、双轴应力-应变曲线的计算和试验报告。

本标准适用于壁厚不小于 0.5mm 且径厚比(外径与壁厚比)大于 20 的圆形截面薄壁金属管(包括无缝管和焊管)。

3. 基本原理

如附图 1 所示，将试样两端密封且轴向固定，利用液体介质对管材施加内压力进行胀形，测量胀形过程中的液体压力、位移、壁厚、应变等数据，分析获得管材在内压力作用条件下变形时的等效应力、等效应变并绘制应力-应变曲线。管材应力分量可由液体压力、胀形区中间点 P 点的厚度、胀形区中间点 P 点的轴向与环向曲率半径计算。计算所得 P 点的应力分量和测量所得 P 点的应变分量用于确定管材双轴应力-应变曲线。

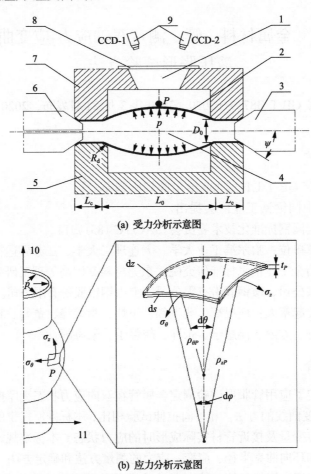

附图 1　管材液压胀形试验原理

1-观察孔；2-管试样；3-右塞头；4-液体介质；5-下模；6-左塞头；7-上模；
8-玻璃板；9-CCD 镜头；10-轴向；11-径向

标准 2　金属材料　管　双向加载试验方法

中国材料与试验/CSTM 团体标准，立项编号 CSTM LX 0100 00830—2021

1. 标准前言

本标准参照 GB/T 1.1—2020《标准化工作导则 第 1 部分：标准化文件的结构和起草规则》，GB/T 20001.4《标准编写规则 第 4 部分：试验方法标准》给出的规则起草。

本标准由中国材料与试验团体标准委员会钢铁材料领域委员会(CSTM/FC01)提出。

本标准由中国材料与试验团体标准委员会钢铁材料领域委员会(CSTM/FC01)归口。

本标准为首次发布。

2. 标准简介

本标准给出了应用管材双向加载试验测定金属管材在整个拉-拉、拉-压双向应力状态下力学性能的方法。与单向拉伸试验及管材液压胀形试验相比，本标准所提供的试验方法可获得与管材实际变形相符的更大应力比范围的双向应力状态。依据本标准给出的方法获得的结果能够更加准确地反映管材弹塑性变形特性和力学特性，可以为复杂异形管件成形过程的理论分析、数值仿真等提供可靠数据。同时，也可为金属管材生产单位和应用单位提供专用的管材力学性能测试评价方法。

本标准规定了金属材料管双向加载试验方法的术语和定义、符号及说明、试验原理、设备、试样、试验步骤、数据处理和试验报告。

本标准适用于壁厚不小于 0.5mm 且径厚比（外径与壁厚比）大于 20 的圆形截面薄壁金属材料管（包括无缝管和焊管）。

注意：本标准中"双向加载"的"双向"是指金属材料管的环向和轴向。对于薄壁金属材料管，管厚度方向上的应力相对较小，可以忽略不计。

3. 基本原理

将管状试样两端密封并采用卡具与管材端部连接，利用液体介质对试样施加内压力的同时通过卡具施加轴向载荷，使试样在设定的轴向和环向应力路径或应变路径下发生变形，同步分析获得变形区中间点的轴向和环向应力分量、应变分量，绘制出双向应力-应变曲线，试验原理如附图 2 所示。管状试样轴向和环向应力分量可由轴向载荷、液体压力、变形区中间点 A 点的轴向和环向曲率半径、变形区中间点 A 点的壁厚计算；管状试样的轴向和环向应变分量可由 DIC 系统测量得到。通过实时计算的应力分量或测量的应变分量作为反馈，调节液体压力和轴向载荷使管状试样按照设定的应力路径或应变路径加载。

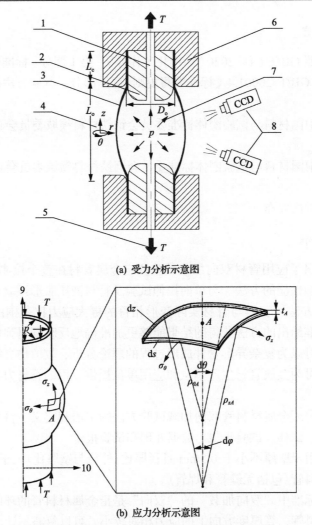

(a) 受力分析示意图

(b) 应力分析示意图

附图 2　管状试样双向加载试验原理

1-液体介质输入孔；2-塞头；3-管状试样；4-坐标系；5-轴向载荷；6-卡具；
7-液体介质；8-CCD 镜头（属于 DIC 系统）；9-轴向；10-径向

标准 3　金属材料　薄板和薄带　双轴应力-应变曲线胀形试验　光学测量方法

国家标准，编号 GB/T 38684—2020，2020 年 3 月 31 日发布，2020 年 10 月 1 日实施。

1. 标准前言

本标准按照 GB/T 1.1—2009 给出的规则起草。

本标准使用重新起草法修改采用 ISO 16808: 2014《金属材料 薄板和薄带光学测量系统测定胀形试验双轴应力-应变曲线的方法》。

本标准由中国钢铁工业协会提出。

本标准由全国钢标准化技术委员会(SAC/TC 183)归口。

本标准起草单位：宝山钢铁股份有限公司、道姆光学科技(上海)有限公司、大连理工大学、深圳万测试验设备有限公司、冶金工业信息标准研究院。

本标准主要起草人：张建伟、杨新、董莉、方健、何祝斌、侯慧宁、黄星。

2. 标准简介

本标准规定了金属材料薄板和薄带的双轴应力-应变曲线胀形试验光学测量方法的符号和说明、原理、试验设备、光学测量系统、试样、试验程序、顶点曲率变形和应变的评价方法、双轴应力-应变曲线的计算及试验报告。

本标准适用于厚度小于3mm 的金属薄板和薄带,在纯胀形过程中测定其双轴应力-应变曲线。

3. 基本原理

使用凹模和压边圈将圆形试样边部完全夹紧。在试样上施加流体压力,直至胀形出现破裂(附图 3)。在试验过程中,测量流体的压力,并由光学测量系统记录试样的变形演化。根据获得的变形数据,可以获得试样中心附近的物理量：局部曲率、表面真应变以及试样的实际厚度(假设无压缩变形)。此外,通过假设试样中心部位为一个薄壁球形压力容器的应力状态,可以通过流体压力、试样厚度以及曲率半径得到试样所受的真应力。

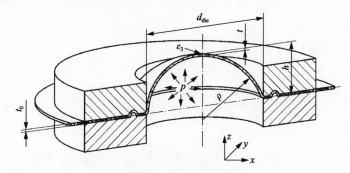

附图 3 胀形试验原理

t_0 -试样初始厚度(未加工)；p -腔体压力；d_{die} -凹模直径(内径)；ρ -曲率半径；
ε_3 -厚度真应变；t -试样真实厚度；h -拉深试样高度(外表面)